中国铁建股份有限公司企业标准

绿色与智慧矿山建设技术规程

Code of Practice for Construction of Green and Intelligent Mine

Q/CRCC 72301—2024

主编单位：中铁十九局集团有限公司
　　　　　中铁十九局集团矿业投资有限公司
　　　　　中铁第五勘察设计院集团有限公司
批准单位：中国铁建股份有限公司
施行日期：2025 年 5 月 1 日

人民交通出版社
2025·北京

图书在版编目（CIP）数据

绿色与智慧矿山建设技术规程／中铁十九局集团有限公司，中铁十九局集团矿业投资有限公司，中铁第五勘察设计院集团有限公司主编. —北京：人民交通出版社股份有限公司，2025. 3. —ISBN 978-7-114-20285-8

Ⅰ. TD2-65

中国国家版本馆 CIP 数据核字第 20253U57W3 号

标准类型：中国铁建股份有限公司企业标准
标准名称：**绿色与智慧矿山建设技术规程**
标准编号：Q/CRCC 72301—2024
主编单位：中铁十九局集团有限公司
　　　　　中铁十九局集团矿业投资有限公司
　　　　　中铁第五勘察设计院集团有限公司
责任编辑：李学会
责任校对：赵媛媛
责任印制：张　凯
出版发行：人民交通出版社
地　　址：（100011）北京市朝阳区安定门外外馆斜街 3 号
网　　址：http：//www. ccpcl. com. cn
销售电话：（010）85285857
总 经 销：人民交通出版社发行部
经　　销：各地新华书店
印　　刷：北京武英文博科技有限公司
开　　本：880×1230　1/16
印　　张：4. 5
字　　数：92 千
版　　次：2025 年 3 月　第 1 版
印　　次：2025 年 3 月　第 1 次印刷
书　　号：ISBN 978-7-114-20285-8
定　　价：40. 00 元
（有印刷、装订质量问题的图书，由本社负责调换）

中国铁建股份有限公司文件

中国铁建科数〔2024〕168号

关于发布《垦造水田技术标准》等9项
中国铁建企业技术标准的通知

所属各二级单位，各区域总部，各直管项目部：

现批准发布《垦造水田技术标准》（Q/CRCC 92301—2024）、《绿色与智慧矿山建设技术规程》（Q/CRCC 72301—2024）、《山地轨道交通齿轨道岔制造技术条件》（Q/CRCC 33308—2024）、《交通工程绿色施工与评价标准》（Q/CRCC 23501—2024）、《全断面岩石掘进机法铁路隧道工程地质勘察技术规程》（Q/CRCC 12101—2024）、《既有铁路换梁施工技术规程》（Q/CRCC 13205—2024）、《隧道施工近景摄影测量技术规程》（Q/CRCC 12504—2024）、《邻近铁路营业线工程智慧监测技术规程》（Q/CRCC 12503—2024）、《铁路工程测量北斗地基增强系统建设与应用规程》（Q/CRCC 12502—2024），自2025年5月1日起实施。

以上标准由人民交通出版社股份有限公司出版发行。

中国铁建股份有限公司

2024年12月11日

中国铁建股份有限公司办公室（党委办公室） 2024年12月11日印发

前　言

本规程是根据中国铁建股份有限公司《关于印发 2022 年中国铁建企业技术标准编制计划的通知》（中国铁建科创函〔2022〕15 号）的要求，由中铁十九局集团有限公司会同有关单位编制完成的。

本规程编制过程中，编制组对中国铁建股份有限公司所属及施工矿山进行深入调研，总结实践经验，参考有关国家标准、行业标准、地方标准，借鉴国内绿色与智慧标杆矿山先进做法，并广泛征求有关单位和专家意见，经反复讨论、修改，由中国铁建股份有限公司科技创新与数字化部审查定稿。

本规程共分 7 章和 3 个附录，主要技术内容包括：1 总则；2 术语和缩略语；3 基本规定；4 绿色矿山建设；5 露天矿山智能化建设；6 地下或井工矿山智能化建设；7 综合性系统建设；附录 A 开采回采率及资源回收率指标取值；附录 B 选矿回收率指标取值；附录 C 资源综合利用率指标取值。

本规程由中铁十九局集团有限公司负责具体技术内容的解释，由中国铁建股份有限公司科技创新与数字化部负责管理。执行过程中如有意见或者建议，请将意见或建议纸质版邮寄至中铁十九局集团矿业投资有限公司（地址：北京市丰台区凤荷曲苑 2 号楼；邮政编码：100161；电话：010-52730829-8002；电子邮箱：375531048@qq.com）。

主 编 单 位：中铁十九局集团有限公司
　　　　　　中铁十九局集团矿业投资有限公司
　　　　　　中铁第五勘察设计院集团有限公司
参 编 单 位：中安国泰（北京）科技发展有限公司
　　　　　　中国矿业大学（北京）
主要起草人员：李华伟　李长城　尚尔海　管振祥　张德峰　李凤龙
　　　　　　　田彦平　王继野　范春晖　李金永　王挥云　高久庆
　　　　　　　李美洲　王　威　赵　鑫　常志强　王　博　郑士琦
　　　　　　　冯　柳　唐　沛　姚德华　孙　鹏

主要审查人员：杨　桦　崔丽琼　马海涛　张国红　李庆伟　周　彬
　　　　　　　解联库　张一鸣　赵红泽　姚宏安　刘彦斌　任红岗
　　　　　　　李永刚　李凤伟　尚尔海　管振祥　李金永　刘国强
　　　　　　　时环生　王合希

目　次

Contents

1 总则

1.0.1 为合理利用矿山资源，规范绿色与智慧矿山建设，促进矿山建设工程可持续发展，制定本规程。

条文说明

明确本规程制定的目的。绿色矿山建设的目的是要实现矿区环境的美观整洁，资源开发的节约集约，废弃物的资源化利用，用能过程的科学管控，科技创新的激励约束，企业形象的稳步提升，地质环境的有效恢复；智慧矿山建设的目的是实现矿山建设各环节自动化、信息化的深度融合。

1.0.2 本规程适用于中国铁建股份有限公司所属的生产和新建、改建、扩建（简称"新建"）金属矿山、非金属矿山和煤矿。中国铁建股份有限公司施工的生产和新建矿山可参照执行。

条文说明

明确本规程的适用范围。本规程总结了中国铁建股份有限公司所属或施工的绿色与智慧矿山实践经验，如白石湖露天煤矿、太钢袁家村铁矿、新疆公司红沙泉煤矿、塔尔二区露天煤矿、乌山铜钼矿、河北东梁黄金矿、长山壕金矿、夏日哈木镍钴矿、通和项目部（铜矿）、广灵金隅蕉山乡凤凰山（石灰岩矿）、博罗神山绿色现代石场生产建设项目（砂石骨料、片麻岩）、拉萨城投祁连山乾沟西矿项目部（石灰石水泥矿）、西部矿业玉龙铜矿等。

1.0.3 绿色与智慧矿山建设应以单个矿山为建设对象，总体规划、分步实施。建设工作应符合目标明确、系统规划，问题清晰、导向合理，因矿施策、逐步达标，以人为本、安全高效的原则。

1.0.4 绿色与智慧矿山建设，应按照生产矿山和新建矿山区别建设的原则，结合实际，合理确定生产矿山提升重点和新建矿山建设目标。

条文说明

生产矿山和新建矿山要区别对待：生产矿山要在原有基础上对标查找差距并确立提

升重点，新建矿山要确定建设目标并高标准建设。

1.0.5 绿色与智慧矿山建设，应统筹考虑矿山建设基础、生产条件、区域特点、行业要求等因素，并应提出存在的主要问题和建设的重点内容。

条文说明

明确开展绿色与智慧矿山建设时要结合实际，以问题为导向提出重点建设内容。

1.0.6 绿色与智慧矿山建设，应根据因矿施策的原则，采用先进适宜的技术装备、工程措施和管理办法。

1.0.7 绿色与智慧矿山建设除应符合本规程外，尚应符合国家现行有关标准和中国铁建股份有限公司现行有关企业技术标准的规定。

条文说明

本规程要与现行有效国家标准、行业标准相协调，不能冲突。

2 术语和缩略语

2.1 术语

2.1.1 绿色矿山 green mine

在矿产资源开发全过程中，实施科学有序的开采，将矿区及周边生态环境扰动控制在可控制范围内，实现矿区环境生态化、开采方式科学化、资源利用高效化、企业管理规范化和矿区社区和谐化的矿山。

2.1.2 智慧矿山 intelligent mine

基于空间和时间的四维地理信息、泛在网、云计算、大数据、虚拟化、计算机软件及各种网络，集成应用各种传感感知、数据信息、自动控制、智能决策等技术，实现信息化和工业自动化深度融合的矿山。

2.1.3 矿区绿化覆盖率 green coverage rate of the mining area

矿区土地绿化面积占排土场、矿区工业场地、矿区专用道路两侧绿化带等厂界内可绿化面积的百分比。

2.1.4 金属非金属矿山开采回采率 extract recovery rate of metal and nonmetal mines

金属非金属矿山采矿过程中采出的金属或矿石量与该采区拥有的金属或矿石储量的百分比。

2.1.5 露天煤矿资源回收率 recovery rate of surface coal mine

露天煤矿采出煤量占煤矿资源动用储量的百分比。

2.1.6 地下矿山土地复垦率 reclaim rate of the underground mine

已恢复治理的土地面积占矿区被破坏的土地面积和塌陷区土地面积总和的百分比。

2.1.7 露天矿排土场土地复垦率 reclaim rate of dump in open-pit mine

已治理复垦的土地面积占排土场面积的百分比。

2.1.8 金属非金属矿山选矿回收率 concentration recovery rate of metal and nonmetal mines

金属非金属矿山选矿产品（一般指精矿）所含被回收有用成分的质量占入选矿石中该有用成分质量的百分比。

2.1.9 原煤入选率 washing rate of raw coal

矿区选煤厂年度入选原煤量与矿山生产原煤量的百分比。

2.1.10 综合利用率 comprehensive utilization rate

矿山对共伴生矿，以及废渣、废液、废气、余热、余压等回收利用的百分比。

2.1.11 科技投入率 input research and technical innovation rate

矿山开展科技活动的资金投入占上年度主营业收入的百分比。科技活动包括科研开发、技术引进、技术创新、技术改造和技术推广、设备更新，以及科技培训、信息交流、科技协作等。

2.1.12 智能综采工作面 intelligent fully-mechanized mining face

应用人工智能、工业物联网、云计算、大数据等先进技术，使工作面采煤机、液压支架、输送机（含刮板式输送机、转载机、破碎机、可伸缩带式输送机）及电液动力设备等形成具有自主感知、自主决策和自动控制运行的智能系统，实现工作面落煤、支护、运煤作业工况自适应和工序协调控制。

2.1.13 虚拟现实 virtual reality

借助于计算机技术及硬件设备，实现一种可通过视、听、触、嗅等手段所感受到的虚拟幻境，故虚拟现实技术又称幻境或灵境技术。

2.1.14 地理信息系统 geographic information system

以地理空间数据库为基础，在计算机软硬件的支持下，运用系统工程和信息科学的理论，科学管理和综合分析具有空间内涵的地理数据，以提供管理、决策等所需信息的技术系统。

2.1.15 网络自愈时间 self-healing time of network

网络通过有线路保护倒换或环形网保护等手段，自动从故障状态倒换到正常通信状态所持续的时间。

2.2 缩略语

AI——人工智能；

AR——增强现实；

B/S——浏览器/服务器；

CAN——控制器局域网络；

C/S——客户机/服务器；

DDS——数据分发服务；

ERP——企业资源规划；

GIS——地理信息系统；

GPS——全球定位系统；

ICT——信息与通信技术；

IEEE——电气电子工程师学会；

IPV4——互联网协议第四版；

IPV6——互联网协议第六版；

OLE——对象连接与嵌入；

OPC——用于过程控制的 OLE；

RTK——实时动态测量技术；

SOA——面向服务的架构；

UPS——不间断电源；

VR——虚拟现实；

Wi-Fi——无线保真；

4G——第四代移动通信技术；

5G——第五代移动通信技术。

3 基本规定

3.1.1 矿山建设应依照绿色与智慧矿山建设目标，设置定性要求和定量指标。

3.1.2 绿色与智慧矿山定性要求应体现建设的过程、内容、目标和成效等，定量指标应明确设定在某个方面建设达到的量化程度。

条文说明

绿色与智慧矿山建设定性要求和定量指标，是评价矿山建设目标和成效的重要依据；贯穿于本规程第 4～7 章的相关定性要求和定量指标确立相关条款中。

3.1.3 绿色矿山建设定性要求应符合下列规定：

1 建设过程应涵盖规划、设计、工程施工和运营全过程。

2 建设内容应包括矿区环境、资源开发方式、资源综合利用、节能减排、科技创新与数字化建设、企业管理与企业形象、地质恢复与土地复垦等。

3 建设目标应依照生产矿山和新建矿山特点，在绿色矿山建设实施方案中明确体现。

4 建设方式宜包含构建产、学、研、用相结合的科技创新体系，组建科技攻关团队，完善科技管理制度，推动矿山科技创新活动，开展绿色发展关键技术研究等。

5 建设成效应从矿区功能布局合理、矿区环境整洁美观、管理规范有序、资源开发高效合理、资源综合利用高效可控、节能减排方法得当、科技创新成果显著、企业形象稳步提升、地质环境有效恢复和土地复垦合理推进等方面进行体现。

条文说明

绿色矿山建设定性要求主要考虑绿色矿山建设涵盖的过程要求、内容要求、目标要求、成效要求。其中，建设过程应涵盖规划、设计、建设、运营全过程。建设内容应涵盖矿区环境、资源开发方式、资源综合利用、节能减排、科技创新与数字化建设、企业管理与企业形象、地质恢复与土地复垦7个方面。建设目标要按照生产矿山和新建矿山需求区别对待，生产矿山主要注重在现有基础上的改造提升，新建矿山要从基建期就考虑高水平建设，但不论是生产矿山还是新建矿山，绿色矿山建设目标都要在绿色矿山建设实施方案中明确体现出来，如在绿色矿山建设实施方案中要明确体现绿色矿山建设任务、重点工程、技术工艺改进措施、人员配备、科技投入计划等。建设成效要通过矿山建设前后相比较,从某个方面有所提升、有所突破,如与绿色矿山建设前相比较,矿区环境整洁美观度有很大提升;管理制度更加健全;经技术改造后资源回收率指标逐年提升,经综合资源勘查及评价,对共生伴生资源、废弃物等进行资源化利用,资源综合利用率比往年有所提升;通过构建节能体系和全过程能源管理办法,年度或季度节能量有所提升;通过构建科技创新体系和投入相应资金,与矿山企业紧密相关的科技攻关活动逐年增多,科技项目获奖成果有所增多;通过开展绿色矿山建设工作,企业形象逐年提升,职工满意度和幸福感逐年提升;通过研究编制矿山地质环境恢复和土地复垦方案并遵照实施,矿山地质环境有效恢复、土地复垦合理推进,较建设前有很大突破。

2017 年 3 月,国土资源部、财政部、环境保护部、国家质量监督检验检疫总局、中国银行业监督管理委员会、中国证券监督管理委员会联合印发了《关于加快建设绿色矿山的实施意见》(国土资规〔2017〕4 号),要求全国各矿产行业加快推进绿色矿山建设工作。2018 年 6 月,自然资源部发布了煤炭、冶金、黄金、有色、非金属、化工、油气、砂石、水泥 9 大行业绿色矿山建设标准,2019 年,各省自然资源厅出台了《×××省绿色矿山建设管理办法》,要求各省矿山企业根据实际情况编制绿色矿山建设实施方案,并依此推进本企业绿色矿山建设工作。本条第 3 款中提出的绿色矿山建设方案就是在上述绿色矿山建设背景下提出的定性要求。

3.1.4 智慧矿山建设定性要求应符合下列规定:

1 建设过程应贯穿规划、设计、施工和运营全过程。

2 建设内容应涵盖基础设施、生产运输、安全与环境监测监控、综合管控与调度、管理与决策等。

3 建设目标应依照生产矿山和新建矿山的各自特点,并应在生产矿山智慧矿山建设升级改造方案和新建矿山智慧矿山建设实施方案中确定。

4 建设成效应依照生产矿山和新建矿山建设要求在各环节中均有体现。生产矿山应在基础网络、数据中心、感知系统、智能装备、机器人建设等方面均有提升,并应实现开采环境数字化、开采装备智能化、生产过程遥控化、信息传输网络化和经营管理信息化;新建矿山应高起点建设信息基础设施,构建矿山信息传输、处理、存储平台、集中管控体系和智能化综合管控平台,并应实现基于大数据分析、云计算、数字孪生为基础的智能开采和远程智能控制。

条文说明

智慧矿山建设定性要求主要考虑智慧矿山建设涵盖的过程要求、内容要求、目标要求、成效要求等。其中:建设过程应涵盖规划、设计、施工、运营全过程,建设内容应涵盖基础设施、生产运输、安全与环境监控、综合管控与调度、管理与决策等;建设目标要按照生产矿山和新建矿山需求区别对待,生产矿山注重在现有基础上的改造提升,新建矿山应从基建期就考虑高水平建设,但不论是生产矿山还是新建矿山,智慧矿山建设目标都要在智慧矿山建设实施方案中明确体现出来，如信息基础设施升级改造、智能装备投入运行、机器人巡检代替人工等；建设成效要通过智能化矿山建设前后相比较，从某个方面有所长进、有所突破，如无人驾驶运输车的投入运行、智能化管控平台的建设等。

2020 年 2 月 25 日，国家发展和改革委员会、国家能源局、应急管理部、国家矿山安全监察局、工业和信息化部、财政部、科技部、教育部联合印发了《关于加快煤矿智能化发展的指导意见》（发改能源〔2020〕283 号），要求地方政府有关部门结合本地区实际情况落实意见，加快煤矿智能化建设与升级改造；2020 年 4 月，工业和信息化部、国家发展和改革委员会、自然资源部联合公告了《有色金属行业智能工厂（矿山）建设指南（试行）》；2021 年 6 月 5 日，国家矿山安全监察局、国家能源局印发了《煤矿智能化建设指南（2021 年版)》，对煤矿智能化建设总体设计、建设内容和保障措施进行了详细的指引；2023 年，山西省率先出台了《山西省人民政府办公厅关于印发全面推进煤矿智能化和煤炭工业互联网平台建设实施方案的通知》（晋政办发〔2023〕27 号），对煤矿智能化建设实施方案制定提出要求。因此，本条第 3 款提出的智慧矿山建设升级改造方案和智慧矿山建设实施方案就是在上述背景下提出的定性要求。

3.1.5 绿色矿山建设成效评价宜包括下列定量指标：
1 矿区绿化覆盖率。
2 井工煤矿采区回采率。
3 露天煤矿资源回收率。
4 地下、露天金属非金属矿山开采回采率。
5 原煤入选率。
6 选矿回收率。
7 土地复垦率。
8 综合利用率。
9 科技投入率。
10 职工满意度。
11 煤矿矿井水利用率。
12 金属非金属矿山矿井水处置率。
13 矿山扰动土地整治率。
14 水土流失总治理度。
15 林草植被恢复率。
16 污水排放达标率。
17 粉尘浓度。

3.1.6 智慧矿山建设成效评价宜包括下列定量指标：
1 主干网络传输速率。

2　网络自愈时间。

3　UPS 电源后备时间。

4　信息存储系统容量时长。

5　露天矿单斗挖掘机工作线长度。

6　露天矿卡车运输距离。

7　露天矿卡车下坡最大限制速度。

8　露天矿卡车在不同运输路线上的最大限制速度。

9　边坡监测精度。

10　边坡监测距离。

11　井工煤矿掘井工作面进风流中二氧化碳气体报警浓度。

12　井工煤矿掘井工作面进风流中一氧化碳气体报警浓度。

13　井工煤矿采区回风巷、采掘工作面回风巷风流中甲烷报警浓度。

14　金属非金属地下矿山作业场所一氧化碳气体报警浓度。

15　金属非金属地下矿山作业场所二氧化氮气体报警浓度。

16　金属非金属地下矿山作业场所硫化氢气体报警浓度。

17　金属非金属地下矿山作业场所二氧化硫气体报警浓度。

4　绿色矿山建设

4.1　总体框架

绿色矿山建设总体框架（图4.1）应主要包括矿区环境、资源开发方式、资源综合利用、节能减排、地质环境恢复与土地复垦、科技创新、企业管理与企业形象。

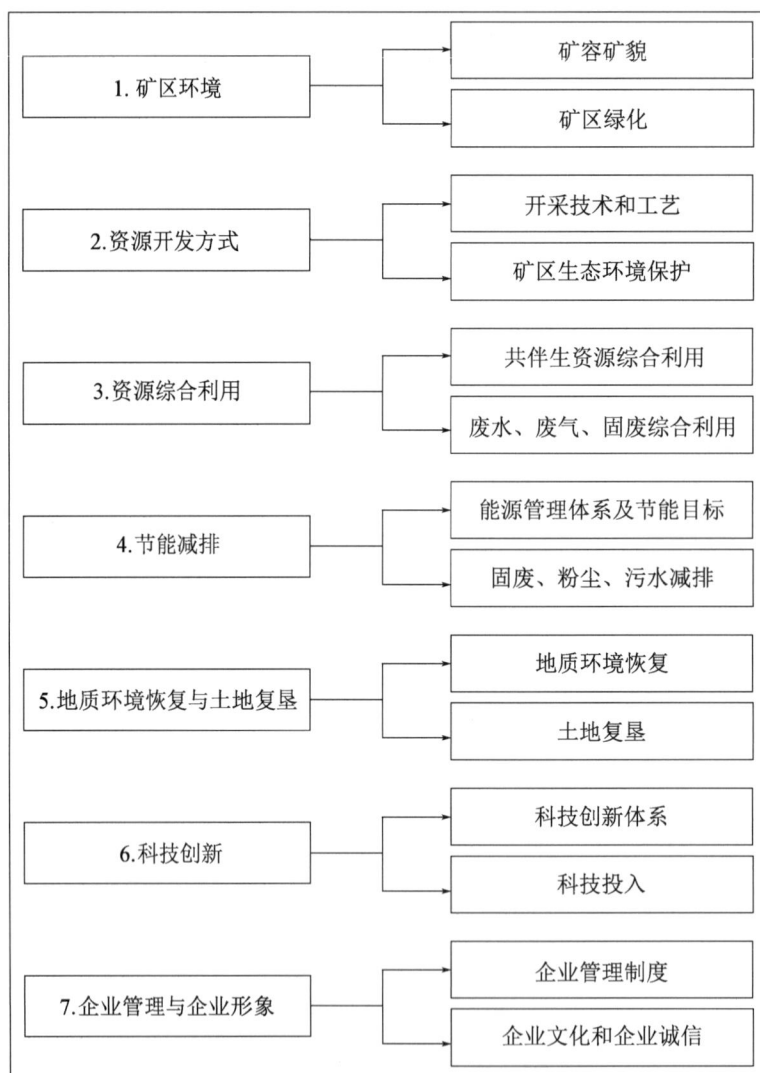

图4.1　绿色矿山建设总体框架

4.2 矿区环境

4.2.1 矿区环境应体现矿容矿貌改善程度和满足矿区绿化定量指标达标要求，并应符合下列规定：

1 厂址选择应合理，排土场场址应选择渗透性小的场地。

2 矿区功能分区应布局合理，并应对矿区进行绿化和美化。

3 生产、运输、储存等管理应规范有序。

4.2.2 矿区的矿容矿貌应符合下列要求：

1 矿区工业场地应划分为生产区、管理区、生活区和生态区等功能区，各功能区布局应符合现行国家标准《工业企业总平面设计规范》（GB 50187）的规定，并应有相应的管理制度。

2 矿区地面运输、供水、供电等生产配套设施，以及员工宿舍、食堂、澡堂、厕所等生活配套设施应齐全有效。

3 各功能区内设备、物资、材料、废弃物等应摆放有序，堆放整齐，有专人管理。

4 各功能区内应按矿山安全措施配备和相关设计要求，设置操作提示牌、说明牌、警示牌、线路示意图牌等标牌，并应符合下列要求：

1）在道路交叉口、矿坑、生产车间等需警示安全的区域应设置安全标识。

2）在油库、配电室、边坡弯道、坑外变电站、道路交叉口等区域应设置安全警示标志。

3）标牌中的标识、涂色、名称等应符合现行国家标准《标牌》（GB/T 13306）的规定，标牌中的安全标志应符合现行国家标准《矿山安全标志》（GB/T 14161）的规定。

5 各功能区环境应清洁卫生、无油污、无垃圾、无废石，生产现场应无跑、冒、滴、漏现象，厂界排放噪声应符合现行国家标准《工业企业厂界环境噪声排放标准》（GB 12348）中相应限值要求。

6 在生产、运输和储存过程中，应采取防尘保洁措施，并应符合下列要求：

1）在储矿仓、破碎机、振动筛、带式输送机受料点及卸料点等产生粉尘的位置，宜采取全封闭除尘罩、机械除尘、喷雾降尘、生物纳膜抑尘等防尘保洁措施。

2）在道路、采区作业面、排土场等处，应采取洒水、喷雾等降尘保洁措施。

7 污水处理应根据矿山所处地域排水管网相关规定，结合矿山实际进行处理。矿区生活污水与生产废水应分开收集和处置，污水处置后应100%达标排放。

条文说明

矿容矿貌主要从功能布局、生产生活配套设施、各功能区物料堆存管理、标识标牌设置、环境清洁卫生程度提升、防尘保洁、污水达标排放7个方面提出了建设要求。功能布局要符合《工业企业总平面设计规范》（GB 50187—2012）的规定；生产配套设施包括运输、供水、供电等，生活设施主要包括宿舍、食堂、澡堂、厕所等；标牌中的标识、涂色、名称等均应符合《标牌》（GB/T 13306—2011）的规定，标牌中的安全标志制作及设置均应符合《矿山安全标志》（GB/T 14161—2008）的规定；厂界噪声应符合《工业企业厂界环境噪声排放标准》（GB 12348—2008）中2类标准限值的要求，即：昼间企业厂界环境噪声排放值不高于60dB，夜间企业厂界环境噪声排放值不高于50dB。在主要产尘点要采取有效防尘保洁措施；污水处理后要100%达标排放。其中，《工业企业厂界环境噪声排放标准》（GB 12348—2008）规定厂界噪声限值为0～4级，且最大限值为4级，最小限值为0级。

4.2.3 矿区绿化应符合下列要求：

1 矿山扰动土地整治率、水土流失总治理度、林草植被恢复率等指标应符合矿山水土保持方案要求。

2 土地复垦与矿区地质环境综合治理工程应符合矿山地质环境保护与土地复垦方案要求。

3 矿区绿化应与周边自然环境和景观相协调，绿化区域应选择合适，绿化植被应搭配合理，绿化机制应健全持续，绿化植物应成活率高。

4 矿区绿化率覆盖率应达到100%。

5 矿区专用道路两侧应因地制宜设置隔离绿化带。

条文说明

矿区绿化主要从土地整治率、水土流失治理、土壤流失控制比、拦渣率、林草植被恢复率，土地复垦与矿区地质环境综合治理工程，以及矿区绿化率覆盖率等方面进行考虑。其中：矿山扰动土地整治率、水土流失总治理度、土壤流失控制比、拦渣率、林草植被恢复率、林草覆盖率等指标要符合《矿山水土保持方案》的规定，因此，在建设绿色矿山之前，矿山要着手研究编制《矿山水土保持方案》；土地复垦与矿区地质环境综合治理工程要符合《矿山地质环境保护与土地复垦方案》的规定，因此，在建设绿色矿山之前，要着手研究编制《矿山地质环境保护与土地复垦方案》；依据《煤炭行业绿色矿山建设规范》（DZ/T 0315—2018）的规定：矿区绿化覆盖率应达到100%。本规程为企业标准，技术指标宜高于或等于行业标准相关规定，因此，本规程规定矿区绿化覆盖率应达到100%。

2017年1月3日，国土资源部出台了《国土资源部办公厅关于做好矿山地质环境保护与土地复垦方案编报有关工作的通知》（国土资规〔2016〕21号）文件，明确提出施行矿山企业矿山地质环境保护与治理恢复方案和土地复垦方案合并编报制度。矿山企业不再单独编制矿山地质环境保护与治理恢复方案、土地复垦方案。合并后的方案以采矿权为单位进行编制，即一个采矿权编制一个方案。本条就是在此背景条件下提出的定性要求，因此，本条第2款符合规程编制定性要求。

2022 年 12 月 19 日，水利部印发了《生产建设项目水土保持方案管理办法》，本办法于 2023 年 3 月 1 日起实施，本办法明确规定生产建设单位是生产建设项目水土流失防治的责任主体，应当加强全过程水土保持管理，优化施工工艺和时序，提高水土资源利用效率，减少地表扰动和植被损坏，及时采取水土保持措施，有效控制可能造成的水土流失，并依据本办法进行生产建设项目水土保持方案编报和审批、方案实施、设施验收和监督检查。本条第 1 款就是在此背景条件下提出的定量要求。

4.3 资源开发方式

4.3.1 矿山建设应按照边开采、边治理、边恢复的原则，编制矿山地质环境保护与土地复垦方案，依照编制的方案及时治理恢复矿山地质环境，复垦矿山压占和损毁土地。

4.3.2 矿山资源开发应选用资源利用率高、对矿区生态环境破坏小、清洁高效的机械化、自动化、数字化、信息化和智能化采矿技术和装备。

条文说明

自然资源部发布的《矿产资源节约与综合利用技术指南应鼓励、限制、淘汰技术汇编》中鼓励、支持和推广绿色开采技术和装备。

4.3.3 在开采主要矿产的同时，对具有工业价值的共生和伴生矿产应统一规划、综合开采、综合利用。对暂时不能综合开采或应与主矿产同时采出而暂时不能综合利用的矿产，应采取保护措施；对氧化矿，宜采用"采-选-冶"联合开发或直接从矿床中提取金属的开发技术。

4.3.4 矿山开采回采率及资源回收率应符合下列规定：
1 井工煤矿采区回采率、露天煤矿资源回收率应依照煤层赋存条件界定。煤矿开采回采率和资源回收率应符合本规程附录 A 表 A.0.1 的规定。
2 地下铁矿开采回采率应按围岩稳固性、矿体倾斜度进行界定，露天铁矿开采回采率应按生产规模进行界定。铁矿开采回采率应符合本规程附录 A 表 A.0.2 的规定。
3 地下铜矿开采回采率应按矿体厚度、铜当量品位进行界定，露天铜矿开采回采率应按生产规模、矿体形态、矿体厚度、矿岩稳定性进行界定，地下铜矿开采回采率应符合本规程附录 A 表 A.0.3 的规定。
4 地下金矿开采回采率应按围岩稳固性、矿体倾斜度、矿体厚度进行界定，露天金矿开采应按矿石贫化率进行界定。金矿开采回采率应符合本规程附录 A 表 A.0.4 的规定。
5 石灰岩露天矿开采回采率应不低于 90%。

6 地下镍钴矿开采回采率应按矿石品位、矿石类型和矿体厚度进行界定，地下镍钴矿开采回采率应符合本规程附录 A 表 A.0.5 的规定。

条文说明

井工煤矿采区回采率、露天煤矿资源回收率、原煤入选率指标取值要符合自然资源部（原国土资源部）《煤炭资源合理开发利用"三率"指标要求（试行)》的规定；铁矿开采回采率、选矿回收率要符合自然资源部《铁矿资源合理开发利用"三率"最低指标要求（试行)》的规定和《关于调整部分矿种矿山生产建设规模标准的通知》（国土资发〔2004〕208 号）的要求；铜矿开采回采率、选矿回收率要符合自然资源部《铜矿资源合理开发利用"三率"最低指标要求（试行)》的规定和《关于调整部分矿种矿山生产建设规模标准的通知》（国土资发〔2004〕208 号）的要求；金矿开采回采率、选矿回收率要符合自然资源部《金矿资源合理开发利用"三率"最低指标要求（试行)》的规定；石灰岩矿、镍钴矿开采回采率要符合自然资源部《锂、锶、重晶石、石灰岩、菱镁矿和硼等矿产资源合理开发利用"三率"最低指标要求（试行)》的规定。

4.3.5 选矿回收率应按不同矿种进行界定，并应符合下列规定：

1 煤矿原煤入选率应不低于 75%。

2 铁矿选矿回收率应按矿石类型、磨矿细度和选矿工艺等因素进行界定。铁矿选矿回收率应符合本规程附录 B 表 B.0.1 的规定。

3 铜矿选矿回收率应按矿石类型、结构构造、品位、粒度等因素进行界定。铜矿选矿回收率应符合本规程附录 B 表 B.0.2 的规定。

4 金矿回收率应按矿石选、冶的难易程度和矿石品位等因素进行界定。金矿选矿回收率应符合本规程附录 B 表 B.0.3 的规定。

5 镍钴矿选矿回收率应按选矿的难易程度、矿石品位等因素进行界定。镍钴矿选矿回收率应符合本规程附录 B 表 B.0.4 的规定。

4.3.6 矿区生态环境保护应符合下列要求：

1 矿山生态环境保护应设立基金账户，专门用于筹集矿山地质环境治理恢复基金，并应做到专款专用。

2 矿山生态环境保护应编制生态环境保护方案，依照编制的方案确定复垦范围，开展矿山地质环境的治理和恢复工作；矿山治理工程应符合矿山地质环境防治要求，治理质量应符合现行行业标准《土地复垦质量控制标准》（TD/T 1036）的规定。

3 矿山生态环境保护应建立环境监测和应急预警机制，配备专门管理人员或监测人员，并应按环评批复要求，定期对地下水、地表水、地面变形、地质灾害、选矿废水、尾矿、煤矸石、排土场、废石堆场、粉尘、噪声，复垦责任区土地损毁情况、稳定状态、复垦质量，以及矿区范围影响地质环境稳定性和土壤质量等的其他因素开展动态监测工作。

条文说明

按照财政部、国土资源部、环境保护部联合发布的《关于取消矿山地质环境治理恢复保证金建立矿山地质环境治理恢复基金的指导意见》规定，对矿区生态环境保护提出 3 个方面的要求。一是要建立矿山地质环境治理恢复基金账号，做到专款专用；二是要编制《矿山地质环境保护与土地复垦方案》并依照方案执行土地复垦工作；三是要建立环境监测和应急预警机制。其中：矿山地质环境治理恢复基金的建立办法要符合自然资源部发布的《关于取消矿山地质环境治理恢复保证金建立矿山地质环境治理恢复基金的指导意见》；矿山地质环境的治理和恢复质量要符合现行行业标准《土地复垦质量控制标准》（TD/T 1036）的规定；环境监测要做到专人专管，并符合矿山实际，监测范围要包含地下水、地表水、地面变形、地质灾害、选矿废水、尾矿、煤矸石、排土场、废石堆场、粉尘、噪声，以及复垦责任区的土地损毁情况、稳定状态和已经复垦土地的复垦质量等。

4.4 资源综合利用

4.4.1 资源综合利用应按照减量化、资源化、再利用的原则，采取有效措施，综合开发利用与主矿体共生、伴生的矿产资源和固体废弃物、废水等，实现矿产资源的节约集约开发和废弃物的循环有效利用。

条文说明

《固体废物污染环境防治法》（2020 年 9 月 1 日起施行）"总则"第四条明确规定，"固体废物污染环境防治坚持减量化、资源化和无害化的原则"。

《循环经济促进法》（2009 年 1 月 1 日起施行）第二条明确规定"循环经济，是指在生产、流通和消费等过程中进行的减量化、再利用、资源化活动的总称。"其中，减量化，是指在生产、流通和消费等过程中减少资源消耗和废物产生；资源化，是指将废物直接作为原料进行利用或者对废物进行再生利用；再利用，是指将废物直接作为产品或者经修复、翻新、再制造后继续作为产品使用，或者将废物的全部或者部分作为其他产品的部件予以使用。

4.4.2 资源综合利用应按不同矿种共伴生资源赋存条件和开采价值，采取适当措施对其进行开发和综合利用，并应符合下列规定：

1 煤矿资源综合利用应结合实际对煤系共伴生的煤层气、高岭土（岩）、耐火黏土、油母页岩、石墨、石灰石等矿产资源进行综合勘查，综合评价和合理开发利用。煤矿资源综合利用率应符合本规程附录 C 表 C.0.1 的规定。

2 铁矿资源综合利用应结合实际和矿产资源品位，合理开发利用硫、磷、铜、锰等与主矿体铁共伴生的有价元素，并应采取适当措施回收利用尾矿中的有价元素。

3 铜矿资源综合利用应根据铜的回收状态、铜品位和含硫品位的不同，合理开发利用与铜矿资源共伴生的金、银、硫、铁等有价元素。铜矿矿产资源综合利用率应符合本规程附录 C 表 C.0.2 的规定。

4 金矿资源综合利用应合理开发与主矿体金共伴生的银、硫、铜、铅、锌等矿产资源。与金共生的矿产资源，综合利用率应不低于 60%；与金伴生的矿产资源，综合利用率应不低于 40%。

5 镍钴矿资源综合利用应结合实际对与主矿体镍共生或伴生的铜、钴、铂、钯、锇、钌、铑、铱、金、银、硫、铁、铬、锰、硒、碲等元素进行综合回收。综合回收黑色金属或非金属资源时，其共伴生矿产综合利用率应不低于 45%；综合回收资源全部为有色金属时，其共伴生矿产综合利用率应不低于 60%。

条文说明

本条规定的资源综合利用率指标，是根据国家有关标准的规定编写。煤层气综合利用率要符合《煤层气（煤矿瓦斯）利用导则》（GB/T 28754—2012）的规定；铜矿资源综合利用率要符合自然资源部（原国土资源部）《铜矿资源合理开发利用"三率"最低指标要求（试行)》的规定；金矿资源综合利用率要符合自然资源部（原国土资源部）《金矿资源合理开发利用"三率"最低指标要求（试行)》的规定；镍钴矿资源综合利用率要符合《锂、锶、重晶石、石灰岩、菱镁矿和硼等矿产资源合理开发利用"三率"最低指标要求（试行)》的规定。

4.4.3 矿山建设应对煤矸石、煤泥、尾矿、废石等固体废弃物进行资源化利用。煤矸石综合利用率应不低于 75%；铁矿所产生的尾矿综合利用率应不低于 20%；石灰岩矿开采所产生的废石综合利用率应不低于 60%；铜矿、金矿、镍钴矿尾矿综合利用率宜参照铁矿的尾矿处理方式执行；黄金矿固体废弃物利用率应符合《黄金行业绿色矿山建设规范》（DZ/T 0314—2018）的规定。

条文说明

煤矸石综合利用率指标取值要符合《煤炭行业绿色矿山建设规范》（DZ/T 0315—2018）的规定，且不低于 75%；铁矿所产生的尾矿要通过回收其中有价元素或做建筑材料、矿山回填等方式进行综合利用，综合利用率指标取值要符合自然资源部（原国土资源部）发布的《铁矿资源合理开发利用"三率"最低指标要求（试行)》的规定，且不低于 20%；石灰岩矿开采所产生的废石宜用作建筑材料或矿山采空区回填等，综合利用率指标取值要符合《锂、锶、重晶石、石灰岩、菱镁矿和硼等矿产资源合理开发利用"三率"最低指标要求（试行）》的规定，且不低于 60%；黄金矿废石利用率要符合《黄金行业绿色矿山建设规范》（DZ/T 0314—2018）的规定，且露天开采废石利用率要不低于 3%，地下开采废石利用率要不低于 50%。

4.4.4 矿山产生的矿井水和选矿废水应通过喷淋洒水、绿化、工业化循环利用等方式进行资源化利用，并应符合下列规定：

1 煤矿应根据矿区水资源赋存条件对矿井水进行综合利用，不同区域矿井水利用率应符合现行行业标准《清洁生产标准　煤炭采选业》（HJ 446）的规定，并应符合下列要求：

1）水资源短缺矿区，矿井水利用率应达到 100%。
2）水资源一般矿区，矿井水利用率应不低于 90%。
3）水资源丰富矿区，矿井水利用率应不低于 80%。
4）水资源复杂矿区，矿井水利用率应不低于 70%。

2 铁矿应最大限度利用矿井水，合理利用选矿废水，选矿废水综合利用率应不低于 85%，干旱、戈壁、沙漠等特殊地区选矿废水综合利用率应不低于 50%。

3 铜矿、镍钴矿的矿井水处置率应为 100%，并应符合《有色金属行业绿色矿山建设规范》（DZ/T 0320—2018）的规定；金矿的矿井水处置率应为 100%，并应符合《黄金行业绿色矿山建设规范》（DZ/T 0314—2018）的规定；铜矿、镍钴矿、金矿在选矿过程中产生的废水应循环利用。

条文说明

本条规定的矿山产生的矿井水和选矿废水利用率，是根据国家有关标准的规定编写。煤矿矿井水利用率要符合现行行业标准《清洁生产标准　煤炭采选业》（HJ 446）的要求；铁矿的选矿废水利用率要符合自然资源部发布的《铁矿资源合理开发利用"三率"最低指标要求（试行)》的规定，且选矿厂废水综合利用率要不低于 85%，干旱戈壁沙漠等特殊地区选矿废水综合利用率要不低于 50%；铜矿、镍钴矿、金矿的矿井水处置率要符合《有色金属行业绿色矿山建设规范》（DZ/T 0320—2018）和《黄金行业绿色矿山建设规范》（DZ/T 0314—2018）相关规定执行，且矿井水处置率要达到100%，选矿废水要循环利用。

4.5 节能减排

4.5.1 矿山企业应依照现行国家标准《能源管理体系　要求及使用指南》（GB/T 23331）、《能源管理体系　分阶段实施指南》（GB/T 15587）的规定，建立能源管理体系，明确年、季、月的能耗目标指标和节能要求。

条文说明

能源管理体系建设要符合现行国家标准《能源管理体系 要求及使用指南》（GB/T 23331）和《能源管理体系 分阶段实施指南》（GB/T 15587）的规定；节能目标要按照时间段（如：一年、一月或一季）进行确定，因此，矿山建设要依据耗能环节，研究编制符合矿山实际的《矿山能源管理体系》。

4.5.2 矿山单位产品能耗宜达到先进指标要求。不同矿山能耗取值宜符合下列规定：

1 露天开采铁矿，中型及以上矿山单位产品能耗宜不高于 0.30kgce/t，小型矿山单位产品能耗宜不高于 0.39kgce/t。

2 地下开采铁矿，中型及以上矿山单位产品能耗宜不高于 2.05kgce/t，小型矿山单位产品能耗宜不高于 2.67kgce/t。

3 煤矿的工序能耗宜符合现行国家标准《煤矿主要工序能耗等级和限值》（GB/T 29723.1～GB/T 29723.5）的规定。

4 其他金属非金属矿山开采，单位产品能耗可按本条第 1 款和第 2 款的规定执行。

条文说明

《铁矿露天开采单位产品能源消耗限额》（GB 31335—2014）第 4.4 条规定：鼓励矿山企业通过节能技术改造和加强能源管理，使中型以上（含中型）矿山单位产品能耗不高于 0.30kgce/t，小型矿山不高于 0.39kgce/t；《铁矿地下开采单位产品能源消耗限额》（GB 31336—2014）第 4.4 条规定：中型以上（含中型）矿山单位产品能耗不高于 2.05kgce/t，小型矿山不高于 2.67kgce/t。《煤矿主要工序能耗等级和限值 第 1 部分：主要通风系统》（GB/T 29723.1—2013）规定：主要通风系统工序能耗指标不低于三级，且轴流式为 0.401～0.550kgce/t，离心式为 0.381～0.520kgce/t；《煤矿主要工序能耗等级和限值 第 2 部分：主排水系统》（GB/T 29723.2—2013）规定：主排水系统工序能耗指标等级不应低于三级，即 0.441～0.500kgce/t；《煤矿主要工序能耗等级和限值 第 3 部分：空气压缩系统》（GB/T 29723.3—2013）规定，空气压缩机系统工序能耗指标等级应不低于三级，即 0.115～0.130kgce/t；《煤矿主要工序能耗等级和限值 第 4 部分：主提升带式输送系统》（GB/T 29723.4—2013）规定，带式输送机工序能耗指标等级应不低于三级，即 0.451～0.550kgce/t；《煤矿主要工序能耗等级和限值 第 5 部分：主提升系统》（GB/T 29723.5—2019）规定，主提升系统工序能耗指标等级应不低于三级，竖井为 0.491～0.550kgce/t，斜井为 0.581～0.680kgce/t。

4.5.3 矿山建设宜选用节能技术装备。

条文说明

矿山节能设备选择可参考工业和信息化部发布的《国家工业节能技术装备推荐目

录（2019）》。

4.5.4 破碎机、输送机转载点、卸矿点、运输系统、废石或矿石周转场等场地，应设置喷雾降尘装置，经喷雾降尘后的粉尘浓度应符合现行国家标准《工作场所空气中粉尘测定　第 1 部分：总粉尘浓度》（GBZ/T 192.1）、《工作场所空气中粉尘测定　第 2 部分：呼吸性粉尘浓度》（GBZ/T 192.2）的规定。

条文说明

在主要产尘点装设喷雾降尘装置处置后的粉尘浓度测定值要符合以下两项职业病危害防治标准，即：《工作场所空气中粉尘测定　第 1 部分：总粉尘浓度》（GBZ/T 192.1—2007）、《工作场所空气中粉尘测定　第 2 部分：呼吸性粉尘浓度》（GBZ/T 192.2—2007）。

4.5.5 矿山建设应建立污水处理站，对矿井水和生活污水进行集中处理，污水处理后水质的监测结果应符合下列要求：

1 煤矿污水处理结果应符合现行国家标准《煤炭工业污染物排放标准》（GB 20426）中污染物排放标准要求。

2 铁矿污水处理结果应符合现行国家标准《铁矿采选工业污染物排放标准》（GB 28661）中污染物排放标准要求。

3 铜矿、镍钴矿污水处理结果应符合现行国家标准《铜、镍、钴工业污染物排放标准》（GB 25467）中污染物排放标准要求。

4 金矿污水处理结果可按现行国家标准《铜、镍、钴工业污染物排放标准》（GB 25467）的相关规定执行。

4.5.6 煤矸石、煤泥、废石、尾矿等固体废弃物处置应符合本规程第 4.4.3 条的规定。

条文说明

本条规定的目的是减少煤矸石、煤泥、废石、尾矿等固体废弃物地面堆存。

4.6　地质环境恢复与土地复垦

4.6.1 矿山地质环境保护与土地复垦治理措施应符合《矿山地质环境保护规定》《土地复垦条例》《土地复垦实施办法》和现行行业标准《矿山地质环境保护与恢复治理方案编制规范》（DZ/T 0223）的规定，并应符合地方相关政策要求。

4.6.2 矿山地质环境保护与土地复垦的方案编制、质量管理、监测维护应按本规程第4.3.6条第2款、第3款的规定执行。

4.6.3 在编制矿山地质环境保护与土地复垦方案之前，应开展如下工作：

1 地质环境与土地状况资料收集和调查，应包括下列内容：

1）矿山企业名称、位置、范围、相邻矿山分布，矿山建设规模及工程布局，矿床类型与赋存特征，矿山开采历史、开采方式、开采顺序、固体与液体废物的排放与处置情况，矿区社会经济和基础设施分布等。

2）气象水文、地形地貌、植被和土地类型等。

3）地层岩性、地质构造、水文地质、工程地质、矿山地质灾害和人类工程活动等。

4）矿山土地利用现状，土地损毁现状与土地复垦情况。

2 土地损毁及地质环境影响评估和发展预测，应包括下列内容：

1）评估土地损毁现状。

2）预测土地损毁发展趋势。

3）评估地质环境问题现状。

4）预测地质环境破坏趋势。

3 地质环境保护与土地复垦可行性论证，应包括下列内容：

1）根据采矿活动已产生的和预测将来可能产生的矿山地质灾害、含水层破坏、地形地貌景观（地质遗迹、人文景观）破坏和水土环境污染等问题的规模、特征、分布、危害等，论证实施预防和治理的可行性和难易程度。

2）根据地质环境治理和土地复垦论证结果，按照宜林则林、宜草则草、宜农则农的原则，确定复垦方向，划分复垦单元。

4.6.4 矿山地质环境保护与土地复垦方案编制应符合下列要求：

1 与矿产资源开发利用方案、矿山开采设计、矿产资源规划应协调一致。

2 现状调查和问题分析应真实、准确，并应符合矿山实际。

3 地质环境保护和土地复垦目标宜结合矿山生产建设服务年限确定，矿山生产建设服务年限超过5年时，应以3～5年为一个治理周期确定治理目标；矿山生产建设服务年限不超过5年时，应以1年为一个治理周期确定治理目标。

4 矿山地质环境保护与土地复垦范围应包括开采区及采矿活动的影响区。

5 当矿山开采规模、开采方式、开采范围和用地位置改变时，宜在1年内完成矿山地质环境保护与土地复垦方案的修订、审核、验收工作。

6 开采建筑用砂石、黏土、油气、水气类的矿山，矿山地质环境保护与土地复垦方案编制内容可简化。

4.6.5 矿山地质环境治理与土地复垦工程设计，应根据矿山所涉及的矿山地质环境治理与土地复垦工程类型进行。

条文说明

矿山地质环境治理与土地复垦工程设计应阐明矿山地质环境保护预防工程的目标和主要任务，提出预防措施，包括矿山地质灾害预防措施、含水层保护措施、地形地貌景观（地质遗迹、人文景观）保护措施、水土环境污染预防措施、土地复垦预防控制措施等。

4.6.6 矿山地质环境保护与土地复垦资金的筹集应符合本规程第4.3.6条第1款的规定，资金预算应包括下列工程：

1 地质环境治理工程，包括下列内容：

1）矿山地质环境保护预防工程。

2）矿山地质灾害治理工程。

3）含水层修复工程。

4）水土环境污染修复工程。

5）矿山地质环境监测工程。

2 土地复垦工程，包括下列内容：

1）土地复垦工程。

2）土地复垦监测和管护工程。

4.6.7 矿山地质环境保护与土地复垦保障措施应包含下列内容：

1 组织保障。

2 资金保障。

3 监管保障。

4 技术保障。

5 公众参与。

4.7 科技创新

4.7.1 矿山企业宜与高等院校、科研院所合作，构建产、学、研、用相结合的科技创新体系，成立科技攻关团队，制定科技管理制度，推动矿山科技创新活动，开展支撑企业绿色发展的关键技术研究。

4.7.2 矿山企业科技投入率不应低于1.5%。

条文说明

本条科技投入率1.5%的指标借鉴《煤炭行业绿色矿山建设规范》（DZ/T 0315—

2018）相关规定。科技投入率定义见本规程第 2.1.11 条。

4.8 企业管理与企业形象

4.8.1 矿山企业应制定资源勘查开发利用、生产、安全、环保、财务和职业健康等管理制度，并应遵照执行。

4.8.2 矿山企业应有明确的绿色矿山建设目标，并应依据建设目标制定绿色矿山建设方案。

4.8.3 矿山企业应构建能够体现企业绿色发展理念的核心价值观。

4.8.4 矿山企业应定期或不定期地开展职工满意度问卷调查工作，合理设置问卷调查内容，做到客观公正，企业职工满意度应不低于 70%。

4.8.5 矿山企业应诚实守信，不偷税漏税，及时履行矿业权人勘查开采信息公开公示义务。

5 露天矿山智能化建设

5.1 总体框架

露天矿山智能化建设总体框架（图 5.1）应主要包括信息基础设施、地质保障系统、钻爆系统、采运排系统、辅助生产系统、安全监控系统。

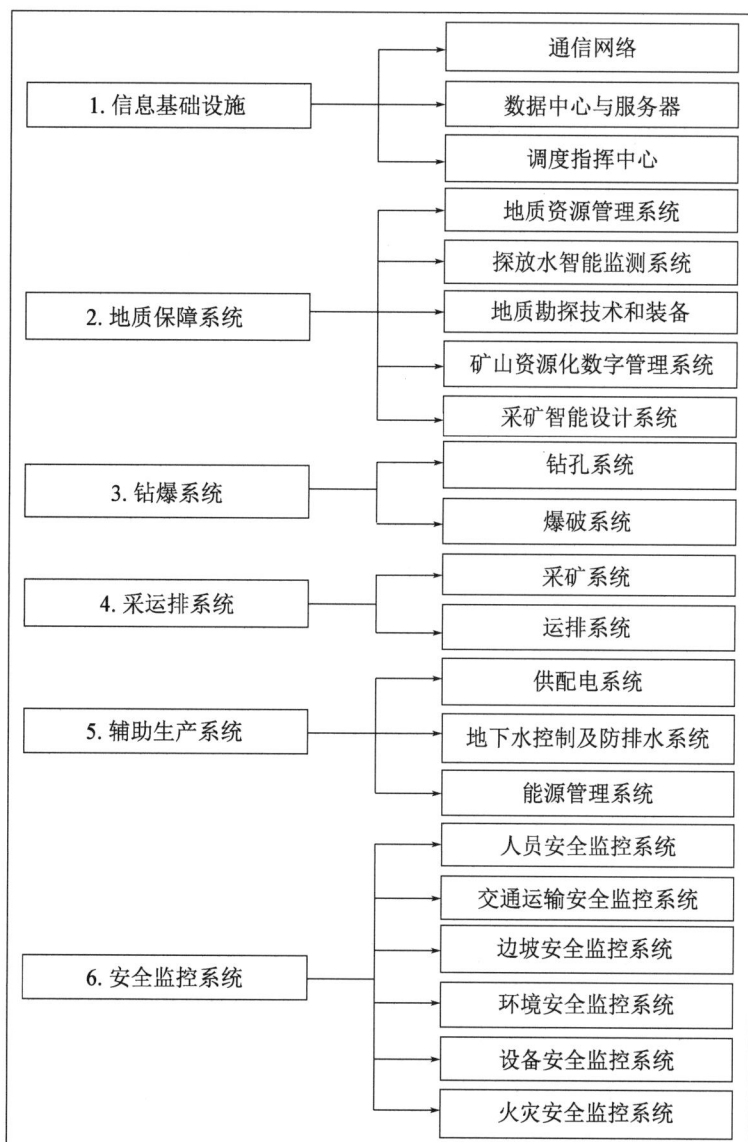

图 5.1 露天矿山智能化建设总体框架

5.2 信息基础设施

5.2.1 矿山通信网络、数据中心和服务器及调度指挥中心等信息基础设施应统筹建设。

5.2.2 通信网络应包括工业控制有线主干网络、无线网络和通信系统等。有线网络与无线网络应相互联通，不同制式通信网络应通过其通信网关实现终端节点基于 IPV4 或 IPV6 进行网络层级访问，融合不同制式接入网络。

5.2.3 工业控制有线主干网络应符合下列要求：
1 应采用冗余环形结构工业以太网。
2 应符合 IEEE802.3、Ethernet/IP、PROFINET、MODBUS、EPA 等工业以太网协议。
3 传输速率应不低于 10000Mbps。
4 应具备自诊断功能和自愈功能，网络自愈时间应小于 50ms。
5 数据传输介质宜选用光纤或双绞线。

条文说明

本条中 IEEE802.3、Ethernet/IP、PROFINET、MODBUS、EPA 分别为以太网标准协议（IEEE Standard for Ethernet）、工业以太网通信协定（Ethernet Industrial Protocol）、开放式的工业以太网通信协定（PROFINET）、串行通信协议（Modicon Modbus）、用于工业自动化系统的实时动态网络通信协议（Ethernet for Plant Automation）。

5.2.4 无线网络应符合下列要求：
1 无线通信技术应采用 4G、5G、Wi-Fi6。
2 无线网络应覆盖钻爆系统、采运排系统和辅助生产系统所在的重点区域。
3 无线网络应支持移动终端语音通话、视频通话和无线数据等信息的共网传输。

5.2.5 通信系统应实现有线和无线的互联互通和安全可靠。

5.2.6 通信网络应采取下列网络隔离措施：
1 使用网闸、双硬盘、网络隔离卡等方式对互联网和企业网（内网）进行物理隔离。
2 采用协议转换及其他逻辑方式对不同制式企业网（内网）进行逻辑隔离。
3 通信网络应满足现行国家标准《信息安全技术 网络安全等级保护安全设计技术要求》（GB/T 25070）中相应等级保护技术要求。

4 通信网络应满足现行国家标准《信息安全技术 工业控制系统安全管理基本要求》（GB/T 36323）中第二级安全保护能力的要求。

5 通信网络应具备自主安全保护功能，并应具备人工随时干预或者停止其运行的机制和能力，矿山企业应制定安全保障应对措施。

6 通信网络应能预见各类特殊情况下的安全隐患，并应制定相应的对策，设置相应的安全控制手段。

7 涉及操作和控制的通信网络，其自主学习功能应设置安全性控制规则。

8 工业控制网络与企业网、移动互联和远程访问等外部网络之间，应通过工业隔离区实现边界防护。

条文说明

本条是对矿山网络安全提出要求，即：互联网和企业网要进行物理隔离；不同制式企业网（内网）要进行逻辑隔离；网络系统要具备安全保护能力且符合相关标准要求。本条第7款规定涉及操作和控制的通信网络，其自主学习功能应设置安全性控制规则，是为了防止产生不可预见的安全问题及可靠性问题。

5.2.7 数据中心和服务器应结合矿山实际构建，实现对生产、经营、管理等数据进行长期存储、便捷共享、深入挖掘和分析利用，并应符合下列要求：

1 数据中心设计、建设、运行、监测和维护应符合现行国家标准《数据中心设计规范》（GB 50174）的规定。

2 应建设基于 SOA 架构、OPC 规范和 DDS 规范的数据仓库，并应实现矿山地质勘探、储量评价、生产实时、安全信息、生产经营等主要业务数据库的分层分类管理和快速提取、存储、挖掘和展现。

3 服务器计算能力、存储能力应满足信息采集与分类储存的要求，并应具备 UPS 电源，后备时间应不小于 4h。

4 服务器宜采用"云-边-端"数据存储和处理模式。私有云具备异地灾备、虚拟化资源池、UPS 电源，后备时间应不小于 4h；移动数据处理终端应具备 4G 或 5G 全网通或专网频段通信和 Wi-Fi6 无线通信等功能；数据存储和数据处理的安全保障应符合现行行业标准《信息安全技术 大数据安全管理指南》（GB/T 37973）的相关规定。

5 矿山视频监控设备宜采用高清分辨率摄像头，视频监控信息存储系统容量应不少于 0.25 年的累计信息量。

5.3 地质保障系统

5.3.1 矿山地质保障系统应包括地理信息系统、探放水智能监测系统、地质勘探技术和装备、矿山资源化数字管理系统、采矿智能设计系统。

5.3.2 地理信息系统应符合下列要求：

1 具备地质、测量、水文等各类图纸数字化管理的功能。

2 矿山资源及储量、可采煤层及可采矿体、断层构造、水文地质、瓦斯地质、工程地质、开采条件等应用应可视化。

3 应具备创建高精度三维地质模型的功能，超前识别地质构造和开采条件的异常情况。

4 应具备自动优化高精度三维地质模型的功能，对地质数据与地质模型实现双向联动，并应以三维地质静态模型为基础，不断融入矿山生产过程中的实时、动态、高精度地质信息，对三维地质模型进行自动更新、规划切割、交互漫游、属性查询等。

5 应以地质、物探、钻探、采矿、测量和水文监测等数字化信息为支撑，构建统一的综合地质信息数据库，支持 C/S、B/S 架构的空间信息可视化，并应具备空间数据、属性数据以及时态数据的存储、转换、管理、查询、分析和可视化等功能，对矿山生产过程地质信息进行高效管理和数据共享。

5.3.3 探放水智能监测系统应对探放水作业过程中的钻孔数量、位置、角度、深度、终孔位置、钻杆钻进速度等数据进行智能感知、分析和验收。

5.3.4 地质勘探技术和装备应符合下列要求：

1 应采用智能钻探、智能物探等设备，对地质数据进行自动采集、存储、分析和上传。

2 地质勘探技术装备的精度应满足地质建模需求，具备地质数据和工程数据的融合、共享。

3 应具有探放水智能监测装备，对探放水作业过程中钻孔数据进行感知、分析和检验。

4 应具有煤矿瓦斯或有害气体智能监测装备，对矿山瓦斯或其他有害气体进行检测检验和防治。

5.3.5 矿山资源化数字管理系统应包括地质资源管理系统和测量管理系统，并应符合下列要求：

1 地质资源管理系统应符合下列要求：

1）应对原始勘探数据、生产勘探数据、煤矿煤质数据、金属非金属矿山矿石品位等进行数字化管理。

2）应对资源储量升级、核减、采矿权范围调整后的更新等资源储量进行动态管理。

2 测量管理系统应符合下列要求：

1）应快速处理经多种仪器、多种测量方法取得的测量数据。

2）应分别建立地表、各时期采场现状、爆堆、采空区、排土场等的三维模型，计算采剥工程量。

5.3.6 采矿智能设计系统应符合下列要求：

1 通过参数设置，应自动生成三维可视化设计模型。

2 应根据设计模型计算工程量和采剥比，实现露天矿山短期或中长期排产计划、爆破设计或专项方案设计的功能。

5.4 钻爆系统

5.4.1 钻爆系统应主要包括钻孔系统和爆破系统。

5.4.2 钻孔系统宜符合下列要求：

1 应利用 GPS 测量和网络技术等措施，实时采集爆破区边界数据坐标，并自动生成孔位坐标，向钻机电子传输孔位坐标。

2 在钻机钻杆的传动齿轮上应安装编码器，实现钻机作业过程中钻孔深度的实时采集。

3 应采用智能化穿孔系统装备，对钻机作业进行智能定位、自主行驶、岩性识别、精准穿孔和故障自主检测等。

5.4.3 爆破系统宜符合下列要求：

1 宜采用智能化装药系统装备进行自主行驶、工作臂远程无线遥控自动寻孔、炮孔内部环境智能识别、装药量与装药结构智能精准控制，完成炮孔的智能装填。

2 宜建立智能化爆破设计软件，完成爆破参数的智能设计，爆破效果的智能模拟预测，实际效果的智能监测，以及设计结果与虚拟场景的三维可视化对比。

3 爆破技术应符合现行国家标准《爆破安全规程》（GB 6722）的相关规定。

条文说明

钻孔系统参照《西部矿业玉龙铜矿智能化矿山建设规划》"4.7 钻机导航及深度检测系统"中相关内容编写；爆破系统参照《智能化露天矿建设规范》（DB14/T 2271—2021）和《爆破安全规程》（GB 6722—2014）的相关规定编写。

5.5 采运排系统

5.5.1 露天矿山开采工艺应主要包括间断开采工艺和半连续开采工艺。

5.5.2 间断开采工艺应根据矿山地质地貌复杂程度、土地资源价值和运输距离长短等因素选择适宜的开采运输方式。地质、地貌复杂，运输距离较短的露天矿山，宜选用

"单斗挖掘机-卡车运输"系统，且单斗挖掘机的工作线长度不宜小于 300m。

条文说明

本条依照《煤炭工业露天矿设计规范》（GB 50197—2015）的有关规定编写。

5.5.3 卡车运输距离在 3km 以上、使用带式输送机具有经济价值、地区燃油供应困难的露天矿山，宜采用"单斗挖掘机-卡车-破碎站-皮带运输"的半连续开采工艺系统。

条文说明

本条依照《煤炭工业露天矿设计规范》（GB 50197—2015）的有关规定编写。

5.5.4 "单斗挖掘机-卡车运输"系统应符合下列要求：

1 单斗挖掘机应符合下列要求：

1）重量或方量检测系统，应实时测量铲装物料的重量或方量。

2）斗齿监控系统，应实时监测斗齿的工作状态。

3）生命体征监控系统，应实时监测发动机的转速、温度等参数。

4）RS485、RS232、CAN 总线等标准数据接口及协议，应实现挖掘机的远程操控。

2 运输卡车应符合下列要求：

1）重量或方量检测系统，应实时测量自身装载物料的重量或方量。

2）油量监控系统，应实时监测运输卡车的油位。

3）生命体征监控系统，应实时监测发动机的转速、温度等参数。

4）倒车影像或盲区监控系统，应实时监测运输卡车周边人员、环境情况。

5）轮胎胎压监测系统，应实时监测运输卡车轮胎工作状态。

6）RS485、RS232、CAN 总线等标准数据接口及协议，应实现运输卡车的远程操控。

7）安全预警及状态监测平台，应具备运输卡车防碰撞预警、防疲劳驾驶、超速预警自动绕障和轨迹回放、电子围栏、路径规划等功能。

3 宜采用具备下列功能的无人驾驶系统：

1）具备无人驾驶高精地图集，自动采集并实时更新无人驾驶行驶区域的地形数据。

2）具备无人驾驶调度管理系统，实现车辆的调度、路径规划、交通管理等。

3）具备运行仿真系统，实现智能排队、进场、停车、装车、出场等环节的协同作业。

4）具备无人驾驶车辆自检、运行状态监测和故障诊断功能。

5）具备应急远程接管、可视化远程监控等功能。

4 宜建立多机协同智能操作系统，实现电铲与卡车运行状态实时数据传输和协同操作。

条文说明

本条依照《煤炭工业露天矿矿山运输工程设计标准》（GB 51282—2018）的有关要求制定。

5.5.5 "单斗挖掘机-卡车-破碎站-皮带运输"系统应符合下列要求：

1 单斗挖掘机技术应符合本规程第5.5.4条第1款的规定。

2 运输卡车技术宜符合本规程第5.5.4条第2款的规定。

3 破碎站应符合下列要求：

1）地点设置和设备选型应符合现行国家标准《煤炭工业露天矿矿山运输工程设计标准》（GB 51282）的规定。

2）破碎机的给料仓上方应设置红绿信号指示灯，指挥矿车的准确卸料。

3）成品仓宜设置雷达料位计，实时检测成品仓的料位。

4）成品仓下料口宜设置微波料流检测开关，实时检测缺料、堵料的状态。

5）应建立自动识别物料体积、物料流速和破碎机运行状态的智能监控系统，实现给料速度的自动调节和卸料口信号灯的自动转换。

4 带式输送机应符合下列规定：

1）设备选型应符合现行国家标准《带式输送机 安全规范》（GB 14784）、《带式输送机工程技术标准》（GB 50431）的规定。

2）皮带下料口宜设置微波料流检测开关，实时检测堵料状态。

3）具备流量调速和料位限位的闭锁功能。

4）具备沿线物流分布状态的实时监测功能，实现物流平衡。

5 破碎站、带式输送机巡视宜采用巡检机器人作业。

6 破碎站、带式输送机的重要生产区域和岗位应实现无人值守。

7 破碎站、带式输送机、转载点应实现集中控制和远程高清影像实时监控，宜具备视频AI故障识别和自动报警功能。

8 破碎站、带式输送机、卸载设备应具备运行工况及环境参数等在线监测功能。

条文说明

破碎站地点设置和设备选型要符合《煤炭工业露天矿矿山运输工程设计标准》（GB 51282—2018）的规定，带式输送机设备选型要符合《带式输送机安全规范》（GB 14784）、《带式输送机工程技术标准》（GB 50431—2020）的规定；通过装设智能检测装置，实现堵料、物流分布的实时监测和皮带载物正常运行的智能控制。

5.6 辅助生产系统

5.6.1 露天矿山辅助生产系统应主要包括供配电系统、地下水控制及防排水系统、能源管理系统等。

5.6.2 供配电系统应符合下列要求：

1 应具备集中控制和无人值守功能。

2 应设置电力监控与调度系统，对输电线路、配变电设备进行在线监测和远程控制。

3 应具备智能开关和关键负荷电缆的测温和报警功能。

5.6.3 地下水控制及防排水系统应符合下列要求：

1 露天煤矿采掘场排水和地面防排水应符合现行国家标准《煤炭工业露天矿疏干排水设计规范》（GB 51173）的规定，金属非金属矿山防排水系统应符合现行国家标准《金属非金属矿山安全规程》（GB 16423）的规定。

2 排水泵站应具备水位自动检测、集中监控和无人值守功能。

3 排水泵应根据水位情况自动选择水泵启停。

条文说明

露天煤矿防排水系统装设技术要求主要依据《煤炭工业露天矿疏干排水设计规范》（GB 51173—2016）的规定编写，金属非金属矿山防排水系统装设技术要求主要依据《金属非金属矿山安全规程》（GB 16423—2020）的规定编写。

5.6.4 能源管理系统应符合下列要求：

1 能源管理应建设由能耗计量装置、数据传输系统和监控平台组成的矿山能耗监测系统，对矿山固定设施和大型作业装置能源消耗进行实时监测、统计和分析。

2 能源管理系统宜建立矿山能耗优化模型，并宜动态调节矿山耗能装置作业计划，降低矿山整体耗能和优化生产成本。

5.7 安全监控系统

5.7.1 矿山安全监控系统应包括人员安全监控系统、交通运输安全监控系统、边坡安全监测系统、环境安全监控系统、设备安全监控系统、火灾安全监控系统等。

5.7.2 人员安全监控系统应符合下列要求：

1 人员装备应具备无线语音通话及人员精准定位功能。

2 条件适宜的煤矿应具备实时视频采集、上传及调看远程视频的功能。

5.7.3 交通运输安全监控系统应符合下列要求：

1 运输卡车的照明、信号装置应符合现行国家标准《露天矿用无轨运矿车　安全要求》（GB/T 37923）的规定，控制灯光的开关应安装牢固、开关自如。

2 运输卡车应配置防碰撞系统。

3 运输卡车应设置语音报警、坐垫手表震动等驾驶员疲劳驾驶警示系统，实时警示并监督驾驶员工作状态。

4 运输卡车应具备对驾驶员离开驾驶室、将身体任何部位伸出驾驶室外、在装载时检查维修车辆、驾驶室外乘人、车辆运行时升降车斗、弯道超车、在主运输道路和坡道上停车、在供电线路下停车、采用溜车方式发动车辆、空挡滑行、下坡时车速超过25km/h等违规行为监测报警的功能。

5 运输卡车应能根据行驶区域、路况、特性、气候等条件设置限速监测装置，矿用卡车最高限制速度应符合表5.7.3的规定。

表5.7.3 矿用卡车最高限制速度

限速地点	最高限速（km/h）
干线道路	40
支线道路	35
联络线路	30
维修及大修作业区、装卸作业区、交叉路口	20
无人看守道口、掉头处	10
进出矿大门口、厂房、进出仓库大门、停车场、加油站、上下地中衡、组装厂、倒车处	5

6 在运输道路危险路段、交叉路口等位置应设置智能信号标识。

7 无人驾驶卡车应具备应急状态下的远程接管和可视化远程干预等功能。

8 带式输送机智能安全措施宜符合《金属非金属矿山安全规程》（GB 16423）的规定。

条文说明

本条第2款依照《煤炭工业露天矿矿山运输工程设计标准》（GB 51282—2018）的相关规定编写；本条第4款依据《金属非金属矿山安全规程》（GB 16423—2020）第5.4.2.2条的相关规定编写；本条第5款依据《煤炭工业露天矿矿山运输工程设计标准》（GB 51282—2018）和《煤炭工业露天矿设计规范》（GB 50197—2015）的相关规定编写；本条第6款依照《煤炭工业露天矿矿山运输工程设计标准》（GB 51282—2018）的相关规定编写；本条第7款依照《智能化煤矿验收管理办法》中的"无人驾驶"环节的相关条款编写；本条第8款依照《金属非金属矿山安全规程》（GB 16423—2020）的相关要求编写。

5.7.4 边坡安全监测系统应符合下列要求：

1 露天矿边坡监测应包括采场边坡监测和排土场边坡监测，并宜建设自动化监测系统进行实时监测、数据输出和预警预报。

2　露天煤矿的边坡安全监测应符合现行国家标准《露天煤矿边坡变形监测技术规范》（GB/T 37697）的规定，金属非金属露天矿的边坡安全监测应符合现行行业标准《金属非金属露天矿山高陡边坡安全监测技术规范》（KA/T 2063）的规定。

3　露天矿采场和排土场危险边坡应在线实时监测。

4　边坡安全监测宜配置监测精度不低于0.1mm、监测范围不小于5km的国产边坡监测雷达。

5　边坡监测预警报警功能应接入矿山调度中心。

6　对金属非金属矿采场边坡表面位移、内部位移、浸润线、降雨量、应力、地下水、爆破震动等相关数据，应依照现行行业标准《金属非金属露天矿山高陡边坡安全监测技术规范》（KA/T 2063）的监测要求进行监测、数据分析与风险预警。

条文说明

露天煤矿边坡监测要按现行国家标准《露天煤矿边坡变形监测技术规范》（GB/T 37697）的规定执行，露天金属非金属矿山边坡安全监测要按现行行业标准《金属非金属露天矿山高陡边坡安全监测技术规范》（KA/T 2063）的规定执行。

5.7.5　环境安全监控系统应符合下列要求：

1　应建立废水、废气、固废、噪声、粉尘监测信息系统，对三废产生量及废水、废气中的污染物进行实时监测，对潜在突发环境事件进行分析预警。

2　宜利用无人机巡航，对露天矿进行生态破坏和修复情况监测。

3　应建设由信息采集、数据传输及监控平台组成的生态环境保护管理智能感知系统。

5.7.6　设备安全监控系统应符合下列要求：

1　设备管理应符合下列要求：

1）采装、运输、排土设备宜具备设备运行保养和备件更换提示功能。

2）矿用卡车宜采集轮胎温度、胎压、运行小时等信息。

3）应建立能够存储设备故障、设备维修、设备可用率和设备运行时间等信息的数据库。

4）应根据在线监测的大数据分析，制定维护策略，不断优化设备运维管理模型，对设备进行预测性维护。

5）在计算机网络和数据库的支持下，应将企业生产过程中重要设备的多种状态参数和其他重要信息进行集成，将状态数据采集、数据分析系统集成为一个有机的整体，对设备档案、设备台账、设备检维修等内容进行全方位的管理。

2　对远程操控钻机、无人驾驶车辆、破碎站、带式输送机、水泵、变电所等主要设备应进行远程控制，运行工况、运行参数、故障信息应在线监测。

5.7.7 火灾监测监控系统应符合下列要求：

1 应对有自然发火倾向的煤层和煤矸石山进行实时监测、分析和预警。

2 应在矿山地面建筑物、煤堆、排土场、仓库、油库、爆炸物品库、木料厂和采运排区域配备火灾变量监测装置，对火灾参数进行智能监测、分析、预测和预警。

5.7.8 安全监测监控管理软件应具备安全风险巡检排查、监测预警管理、应急演练、监测监控展现等功能模块，各功能模块应符合下列要求：

1 安全风险巡检排查模块应符合下列要求：

1) 应利用人工和智能相结合的手段进行风险等级评估，并依据评估等级制定安全管控措施，进行安全风险分级分类管控。

2) 应从各工种、各工序中梳理提炼出关键内容，制定安全"红线"，确认安全工作程序，并应以此为依据对隐患进行日常和班组制排查。

2 监测预警管理模块应符合下列要求：

1) 监测预警管理模块应收集异常报警信息，异常报警信息应主要包括自动化系统推送的报警信息、设备异常报警信息、气体异常报警信息、水位异常报警信息等；被AI视频识别的人员着装不规范、未戴安全帽、闯入危险区等的报警信息；人工报警信息。

2) 应具备报警事件分析功能，将报警信息分类发送给相关责任人，核实报警信息，确定报警级别，依此采用相应预案处置措施。

3) 应具备报警事件处置功能，根据报警级别和相关预案进行物资协调、人员事件处置、处置结果报告生成等。

4) 报警事件结束后应对处置结果进行评估。

3 应急演练模块应符合下列要求：

1) 应制定演练计划。

2) 演练过程和演练结果应上传存储。

3) 对演练责任人应进行评估打分。

4 监测监控展现模块应符合下列要求：

1) 应利用数字孪生技术进行三维建模。

2) 对重点区域和设备应进行监控。

3) 对车辆和人员位置应进行监控。

6 地下或井工矿山智能化建设

6.1 总体框架

地下或井工矿山智能化建设总体框架（图6.1）应主要包括信息基础设施、地质保障系统、掘进系统、回采系统、辅助生产系统、安全监测监控系统。

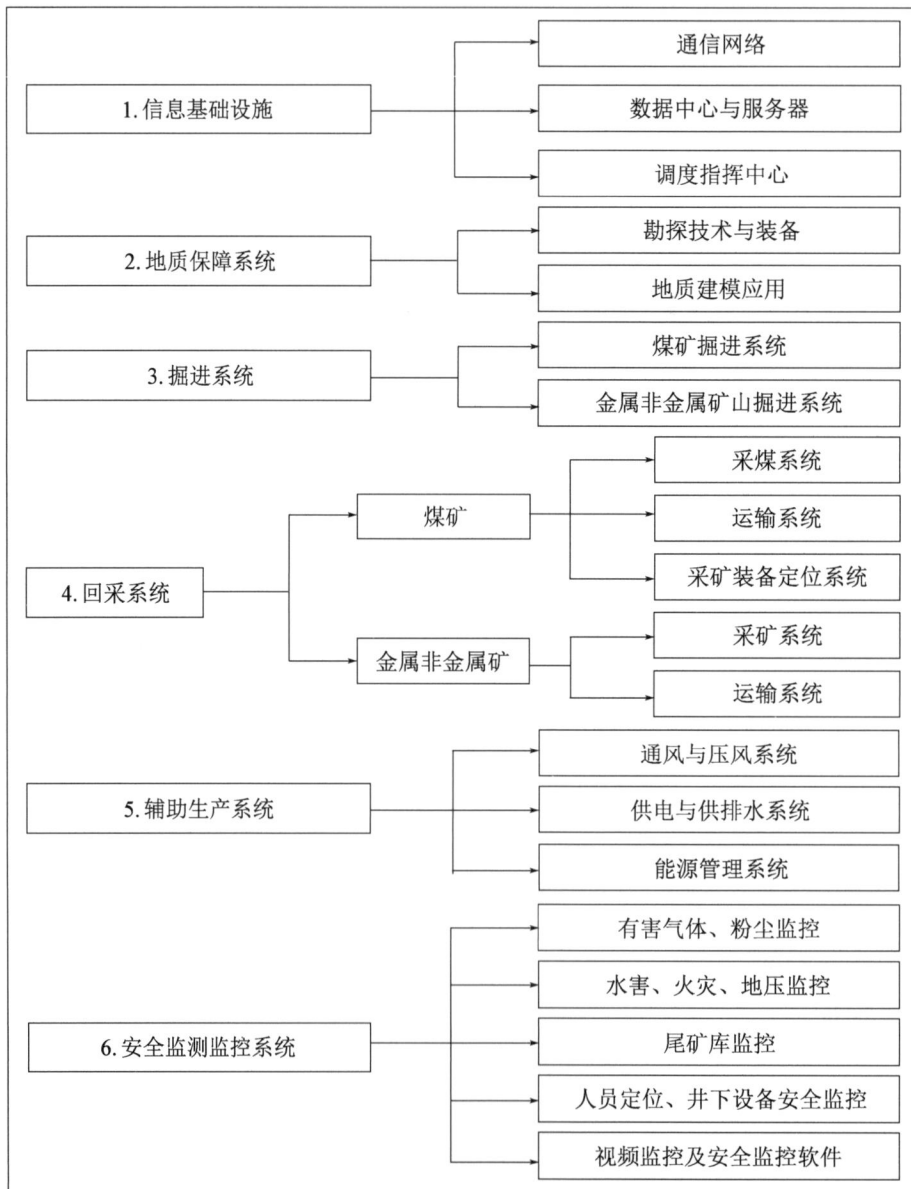

图6.1 地下或井工矿山智能化建设总体框架

6.2 信息基础设施

信息基础设施建设应符合本规程第5.2节的相关规定。

6.3 地质保障系统

地质保障系统建设应符合本规程第5.3节的相关规定。

6.4 掘进系统

6.4.1 掘进系统应根据不同矿种掘进地质条件和工艺要求选择适宜的掘进技术装备和辅助作业系统，进行矿井掘进、支护平行作业。

6.4.2 煤矿掘进系统应符合下列要求：

1 应采用高效掘、支、锚、运、破成套掘进装备，对掘进过程进行全机械化作业和接替采掘。

2 采掘设备应具备无线遥控、远程监控、可视化集中控制、记忆截割、人员接近识别、工况在线监测、故障诊断、掘进工作面环境状态识别及预警等功能。

3 带式输送机应机尾自移、张力自动控制。

4 掘进工作面应配备高效的除尘和环境监测设备，以实现粉尘、瓦斯、水等的智能监测。

5 宜采用钻探、物探等技术与装备，对巷道待掘区域的地质构造、水文地质条件、瓦斯等进行超前探测，根据掘进过程中揭露的实际地质信息与工程信息对模型进行实时动态修正。并宜采用智能钻探、物探技术与装备，进行远距离一体化综合探测。

6 掘进设备应具有自适应截割、自动截割与遥控操作功能，并宜采用掘进设备精准导航和位姿监测系统，根据位置、姿态变化进行自主调整和纠偏。

7 宜应用具有自动化钻锚功能的钻臂，进行锚杆、锚索全断面机械化支护、自动化钻锚和质量自检测等。并宜采用具有电液控功能的钻机、锚索自动进给器等装备，进行自动确定锚护位置、自动钻孔、自动铺网等。

8 多机协同控制系统宜采用掘进工作面设备群和人员精确定位系统。

9 掘进、锚护、运输等设备应具备完善的单机状态监测和故障自诊断功能。煤矿宜建设掘进工作面综合监测系统，实时监测各设备状态。

10 掘进头和各转载点设置高清摄像仪，应具备视频增强功能，宜采用 AI 技术实现人员入侵、违规操作识别报警、灾害预警等。

11 掘进工作面远程集控平台应融合掘进工作面粉尘、瓦斯、水、有害气体环境、视频监测和人员信息，进行掘进工作面真实场景再现，单机可视操控、成套设备"一键启停"和多机协同控制等，并宜应用数字化孪生技术，进行人-机协同控制。

条文说明

本条第 5 款为智能超前探测系统的技术性能要求；第 6 款为掘进设备导航和定位截割系统的技术性能要求，采用掘进设备精准导航和位姿监测系统，根据位置、姿态变化进行自主调整和纠偏，是为了适应巷道断面变化及底板起伏等地质条件，实现自主定位截割；第 7 款为锚杆、锚索自动化钻装系统的技术性能要求；第 8 款为多机协同控制系统的技术性能要求；第 9 款为装备状态监测及故障诊断系统的技术性能要求；第 10 款为视频监测系统的技术性能要求；第 11 款为掘进工作面远程集控平台的技术性能要求，矿山建设宜根据自身实际进行选择。

6.4.3 金属非金属矿山掘进系统应符合下列要求：

1 井筒内各作业点应设置通达井口的独立的声、光、信号系统和通信装置。

2 井底工作面、吊盘、井口、卸渣台等处，应装设视频监视系统。

3 智能超前探测系统宜采用凿岩参数智能匹配与控制技术、高精度布孔定位技术、全自动钻杆装卸技术、随钻信息采集技术、软特性自动防卡杆技术。

4 智能中深孔全液压凿岩设备宜采用凿岩参数自动匹配及智能控制技术、深孔凿岩偏斜率控制技术、自动排序钻杆车和多设备协同作业技术。

5 智能地下高气压智能潜孔钻机设备宜采用掘进工作面设备群和人员精确定位系统，实现设备间相对位置的精确。

6 智能超前探测系统、装备状态监测及故障诊断系统、视频监测系统的掘进工作面远程集控平台可按本规程第 6.4.2 条第 11 款的规定执行。

条文说明

本条第 3 款为智能超前探测系统的技术性能要求，第 4 款为智能中深孔全液压凿岩设备的技术性能要求，第 5 款为智能地下高气压智能潜孔钻机设备的技术性能要求，第 6 款为掘进工作面远程集控平台技术性能要求，矿山建设宜根据自身实际进行选择。

6.5 回采系统

6.5.1 井工煤矿采煤系统应包括割煤系统、支护系统、运输系统、供液系统和集中控制中心，各系统及集中控制中心应符合下列要求：

1 割煤系统应符合下列要求：

1）采煤机应安装位置监测、摇臂角度感知、摇臂调高、油位、油温、油压、瓦斯监测等传感器，传感器的数量和精度应满足智能化要求。

2）采煤机应具备标准网络接口和开放通信协议。

3）采煤机应具备记忆截割（自适应截割）、自主定位、姿态监测、远程控制、工况检测、故障诊断与预警等功能。

4）采煤机智能控制宜利用机载视频、无线通信、直线度检测、智能调高防碰撞检测、煤流平衡控制等技术实现。

2 支护系统应符合下列要求：

1）液压支架应配备电液控制系统。

2）液压支架应具备高度、立柱压力、姿态、推移行程等支护状态监测功能。

3）液压支架应具备跟机自动移架、自动推溜、自动找直、自动补液、自动喷雾等功能。

4）液压支架应具备就地控制和远程控制功能。

5）支护系统应具备压力超前预警、群组协同控制、自动超前跟机支护、顶板状态实时感知、煤壁片帮预测、伸缩梁（护帮板）防碰撞等功能。

6）放顶煤液压支架应采用割煤智能化结合自动放煤或人工辅助干预进行放煤控制，端头支架应具备就地控制与遥控控制功能，与工作面液压支架联动，对工作面端头区域安全支护。

3 运输系统应符合下列要求：

1）刮板输送机应采用软启动方式。

2）刮板输送机应具备链条自动张紧、断链停机保护、煤流负荷检测、运行工况监测、故障诊断等功能。

3）刮板输送机应具备就地控制和远程控制功能。

4 供液系统应符合下列要求：

1）乳化液泵应具备油温、油压、油质、液位、温度、压力、浓度等运行状态参数的自动监测和预警功能。

2）乳化液泵应具备进水过滤、高压反冲洗、自动配比补液等功能。

3）乳化液泵应具备自动加卸载控制、主从控制和均衡开机等控制功能。

5 集中控制中心应符合下列要求：

1）井下或地面控制中心应具备采煤机、液压支架、刮板输送机、转载机、破碎机、带式输送机、供液供电系统等远程集中控制和设备运行工况、故障报警等信息显示功能。

2）工作面视频监控系统应满足视频监控范围合理，监控画面清晰、稳定、无卡顿的要求。

3）集中控制中心应配备语音通话系统，具备与回采工作面的语音通话功能。

4）宜应用煤流负荷检测、工作面自动巡检机器人等技术手段，进行采、装、运的协同控制。

5）地面监控中心应具备对工作面设备的"一键启停"功能，对采煤工作面综采设备进行地面远程监视。

6.5.2 井工煤矿主煤流运输系统按"平巷＋斜井"和"平巷＋竖井"类型，可分为"带式输送机运输系统"和"平巷带式输送机＋立井提升系统"，各运输系统应符合下列要求：

1 带式输送机运输系统应符合下列要求：

1）应采用变频软启动方式。

2）应具备防滑、堆煤、跑偏、空载、异物等监测监控功能。

3）应具备装载和卸载位置的视频监控功能。

4）应具备电流、温度、振动、烟雾、粉尘等参数的实时采集、状态监测、故障诊断和预警功能。

5）宜应用 AI 煤量智能识别、人员违规作业智能监测、大块煤/堆煤/异物识别与预警等技术手段，进行带式输送机智能运输。

2 平巷带式输送机＋立井提升系统应符合下列要求：

1）应具备智能装载、智能卸载功能。

2）应具备与煤仓放煤系统的智能联动，箕斗载重和钢丝绳的在线监测功能。

3）应具备智能保护系统，对提升速度、提升重量进行远程实时在线监测。

6.5.3 井工煤矿辅助运输系统应包括轨道运输系统、无轨胶轮车运输系统和辅助运输管理系统等，各辅助运输系统应符合下列要求：

1 轨道运输系统应符合下列要求：

1）单轨吊应采用点对点无人驾驶运输物资。

2）运输车辆应具备无线移动通信和运行状态智能监测功能，对车辆进行精准定位和智能调度。

3）应具备车载视频、语音通话、应急呼救等功能，对相关信息进行智能采集。

4）集中装载点、上下人站点、检修硐室、绞车房、各车场和跑车防护装置应装设高清摄像头，进行视频监控。

5）巷道口、硐室口、弯道处应采用声光报警。

6）矿用轨道及吊轨机车运输监控系统可在地面主控室对矿井的轨道运输实现监控，在调度终端实时显示井下各列车位置、车号及信号灯、道岔状态和区段占用情况。调度员可据此实时掌握机车运行状态，并操作系统自动进行分析调度，指挥列车安全、高效运行。系统应随时反映全部设备和传感器的工作状态，并应进行故障自动诊断、报警，记录运行过程数据，生成管理报表和列车循环图。

2 无轨胶轮车运输系统应符合下列要求：

1）运输车辆应具备无线移动通信功能，实时监测井下胶轮车的运行轨迹；并应具有车辆精准定位、区间信号闭锁、交通信息引导、限速报警及车辆管理等功能。

2）应具备路径智能规划功能，对车辆运行状态参数进行智能监测与智能调度。

3）集中装载点、上下人站点、加油检修硐室等处，应设置视频监控装置。

3 辅助运输管理系统应符合下列要求：

1）应建立运输物资管理信息系统，对物资运送和仓储管理全过程进行信息化闭环管控。

2）应建立辅助运输管理系统，对井下运输车辆、交通状态进行监测，对运输车辆进行精准调度和检验、维修等智能化动态管理。

6.5.4 采矿装备应装设高精度定位系统，并应符合下列要求：

1 采掘设备应装设精准导航和位姿监测系统，并应根据掘进机的位置、姿态变化进行自主调整、纠偏，实现掘进机的自主定位。

2 采煤机应装设智能截割系统，并应根据采煤机行走位置、摇臂采高等实现运行数据的实时检测、信号传输、自动控制和精准定位。

3 斜井轨道运输和无轨胶轮车运输，其运输车辆应装设无线移动通信系统，对车辆进行精准定位。

4 应利用调度智能安全管控系统中巷道定位模块和车载导航系统模块，对巷道施工点所有机械车辆和人员进行精确定位。

条文说明

对掘进设备、采煤机、运输车辆、施工点车辆和人员提出了定位要求。本条第4款中的"调度智能安全管控系统"是中铁十九局集团矿业投资有限公司自主研发的系统。

6.5.5 金属非金属地下矿山采矿系统应根据不同的采矿方法，采取适宜的智能管控措施，并应符合下列要求：

1 空场法采矿法中，回采矿柱应设置岩体应力和应变监测设施，对矿岩稳定情况进行实时监测。

2 自然崩落法采矿中，应对崩落顶板设置监测设施，对崩落顶板变化情况进行实时监测。

3 充填采矿法中，各充填工序应设置通信联络系统，对各工序进行互联互通和协调控制。

4 应配备气体检测仪，对有毒有害气体进行实时监测。

5 有岩爆危害的矿井应设置微震监测设施，对危险区域进行实时监测和预警。

6 无轨运输设备应具备制动、灯光和警报等系统，对无轨运输系统进行自动控制和预报预警。

7 有轨运输系统应配备照明和声光信号系统，对有轨运输系统进行自动控制和预报预警。

8 无人驾驶电机车运输应设置通信、报警、视频监视、装卸矿控制等系统，对无人驾驶电机车运输系统进行自动控制和监测预警。

9 带式输送机系统可按本规程第6.5.2条第1款的规定执行。

10 提升系统可按本规程第6.5.2条第2款的规定执行。

11 井下粗破碎站破碎机受料槽和缓冲仓排料口处，应装设视频监视装置，对破碎机运行状态进行实时监测。

12 溜井应装设料位监测与报警系统，对矿料所处位置和溜井的状态进行实时监测。

13 智能采爆和装药系统应符合下列要求：

1）采矿爆破信息应采用智能化采集。

2）应具备基于三维信息化平台的地下金属矿采矿爆破智能优化设计与评价分析软件。

3）应具备采矿爆破作业过程监控系统和管理软件。

4）应具备地下装药车遥控寻孔技术，智能装药技术，装药密度、爆速与岩性智能匹配等技术手段。

6.5.6 金属非金属地下矿山运输系统应主要包括轨道电机车无人驾驶系统、轨道运输调度管理系统、无轨胶轮车运输系统和斜坡道交通管制系统等，并应符合下列要求：

1 轨道电机车无人驾驶系统应符合下列要求：

1）应通过井下机车精确定位技术、AI图像识别处理技术、机车安全运调技术和生产运输综合监控系统，完成电机车在装、运、卸全过程中的无人化作业。

2）应具备网络实时通信、车载安全防护、位置精确检测、运输计量统计、安全联锁控制、配矿调度管理、工况状态监测、矿石自动装卸、远程自动驾驶和牵引供电测控等功能。

2 轨道运输调度管理系统应符合下列要求：

1）在地面主控室应对矿井的轨道运输进行实时监控和调度，并应在调度终端实时显示井下各列车位置、车号及信号灯、道岔状态和区段占用情况。

2）调度员可实时掌握机车运行状态，并应通过操作系统自动进行调度、指挥。

3）应随时反映全部设备和传感器的工作状态，故障自动诊断和报警，记录运行过程数据，并应生成管理报表和列车循环图。

4）应具备基本闭锁、可视化监测、智能调度、故障诊断、机车精确定位与测速、道岔过车拒动、丢车皮检测、语音提示和报警、历史轨迹回放等功能。

3 无轨胶轮车运输系统应符合下列要求：

1）在地面主控室应对井下运输大巷、车场的胶轮车进行实时监控和调度，引导胶轮车安全有序运行。

2）无轨胶轮车运输系统应实时监测井下胶轮车的运行轨迹，对车辆进行精准定位、区间信号闭锁、交通信息引导、限速报警及车辆管理等。

3）无轨胶轮车运输系统应具备调度、统计管理、闭锁、诊断、车辆精确定位和测速、远程监控、车身状态检测及数据上传、状态重演等功能。

4 斜坡道交通管制系统应符合下列要求：

1）应依照井下辅助运输特点、物料转运计划、车辆优先级别、区间闭塞状况、错车避让需求等因素，对运输车辆进行智能调度、信息提示和交通引导。

2）应具备车辆自动识别、位置跟踪、状态监控、物料装卸电子交接、停时统计、转运作业信息交互等功能。

3）应具备司机自主调度请求功能，对包含地轨机车、吊轨机车和无轨胶轮车混合运行进行智能调度和安全防护。

4）应具备路况识别、行车引导、安全提示等交通信息引导和行车超速、乘车超限等违规行为的报警、预警功能。

5）斜坡道坑口、各错车道、各岔口应设置交通控制信号，错车道可实现对向或同向车辆错车，岔口应实现同向和对向车辆错车和各分段水平车辆进出的有序控制。

6）应根据巷道内是否有来车自动切换信号灯，并应对进入斜坡道内车辆的运行方向进行实时识别和信号指示。

7）对斜坡道内车辆类型、车号、班次、时间、地点、次数等信息，应进行统计、分析、查询、打印和存储。

8）对故障车辆及故障发生点应进行自动诊断。

9）对车辆闯红灯、两端车辆同时进入巷道、故障车辆停滞于巷道等违规行为应进行自动报警。

10）在系统终端应实时显示斜坡道图形全貌、车辆运行轨迹、运行点位、红绿灯状态、车辆超速等信息。

条文说明

对金属非金属地下矿山轨道电机车无人驾驶系统、轨道运输调度管理系统、无轨胶轮车运输系统和斜坡道交通管制系统提出了智能化建设要求。

6.6 辅助生产系统

6.6.1 地下或井工矿山辅助生产系统应主要包括通风与压风系统、供电与供排水系统、能源管理系统。

6.6.2 通风与压风系统应符合下列要求：

1 主通风机应具有一键式启动、反风、倒机、定期自检和故障诊断功能。

2 主通风机应具有通风参数监测和分析功能，对井下瓦斯浓度、有害气体浓度、风压、风速、风量等参数进行实时监测和分析。

3 过车风门、主要行人风门、关键通风节点的风窗处应装设视频监控系统和声光报警装置，对风门、风窗进行自动开合和预报预警。

4 局部通风宜建有智能通风软件系统，对矿井风流、风量进行远程调节和智能预测，对有毒有害气体含量超标进行自动报警。通风系统自动报警指标限值应符合下列规定：

1）井工煤矿局部通风机应按双风机、双电源方式进行装设，对通风机进行自动切换和风电闭锁；掘进工作面进风流中，氧气浓度应不低于20%，二氧化碳浓度应不超过0.5%，一氧化碳浓度应不超过24ppm。采区回风巷、采掘工作面回风巷风流中甲烷浓度超过1.0%，或二氧化碳浓度超过1.5%时，通风系统应自动报警。

2）金属非金属地下矿山，采掘工作面进风流中氧气的体积浓度应不低于20%，二氧化碳体积浓度应不高于0.5%；作业场所空气中一氧化碳浓度应不超过24ppm，氮氧化物浓度应不超过2.5ppm，硫化氢浓度应不超过6.6ppm，二氧化硫浓度不高于5ppm。浓度高于自动报警指标限值规定时，通风系统应自动报警。

5 地面应建有压缩空气站，并应满足无人值守条件。空气压缩机宜采用变频调速控制方式进行风压调节。

6 通风与压风系统宜将地理信息系统与风机、风门、风窗监控系统，安全环境监测系统，瓦斯抽采监测系统，采掘工作面位置及状态监测系统，人员和车辆定位系统进行集成，并宜包括下列功能：

1）自然分风解算、通风网络实时解算和灾变状态下风流的模拟仿真。

2）通风系统优化、风速传感器和调节设施的优化布置和可控性评价。

3）通风系统状态识别、故障诊断、需风量预测、灾变状态下的调风和控风功能。

4）矿井通风状态的动态可视化监测。

条文说明

本条第4款第1）项中掘进工作面风流中氧气浓度、二氧化碳浓度、一氧化碳浓度指标取自《煤矿安全规程》一百三十五条，采区回风巷、采掘工作面回风巷风流中甲烷浓度、二氧化碳浓度指标取自《煤矿安全规程》一百七十二条；本条第4款第2）项中指标取自《金属非金属矿山安全规程》（GB 16423—2020）的规定。

6.6.3 供电与供排水系统应符合下列要求：

1 供电系统应符合下列要求：

1）供电系统应具备智能防越级跳闸保护、智能选择性漏电保护功能，智能防越级跳闸保护应符合现行国家标准《继电保护和安全自动装置技术规程》（GB/T 14285）的规定。

2）对矿井所有变电所应进行实时监控和电力调度，并应具备无人值守条件。

3）对供电设备运行状态应进行实时监测、数据采集、数据上传、状态分析、故障诊断和预报预警。

4）对主变电所火灾情况应进行自动监测和报警。

5）供电系统应建设基于大数据分析的智能供电决策系统，对故障进行预判和预处理、快速故障隔离；并应建设矿山能耗监测和智能化能耗优化调度系统，动态调节矿山大型用电耗能设备供电方案和作业计划。

2 供排水系统应符合下列要求：

1）应根据水压、水位进行固定作业点的智能抽排。

2）应具备负荷调控或根据水位自动投切水泵的功能。

3）应具备设备故障诊断、分析和预警功能。

4）中央水泵房应具备远程集中控制和无人值守的功能。

5）供水系统应具备水量、水压、水质的智能监测与控制功能。

6）排水系统与矿井水文监测系统应智能联动。

7）应通过水泵运行参数监测，进行水泵控制及智能监测、系统异常低压现象预警；并应通过多传感器和各系统数据融合进行按需供水，预分析用水量。

8）排水系统应对各水窝点水量进行监测，对矿井涌水量进行实时预警。

9）对地下式泵房中硫化氢（H_2S）、甲烷（CH_4）等有毒有害气体应进行自动监测和报警。

条文说明

智能防越级跳闸保护功能是根据《继电保护和安全自动装置技术规程》（GB/T 14285—2023）的相关规定编写。

6.6.4 能源管理系统应符合本规程第 5.6.4 条的规定。

6.7 安全监测监控系统

6.7.1 矿山建设应根据不同矿井灾害类型有针对性地建设灾害监测监控系统。灾害监测监控系统应主要包括有害气体、粉尘监控，水害、火灾、地压监控，尾矿库监控，人员定位、井下设备安全监控，视频监控及安全监控软件。

6.7.2 瓦斯监测监控系统应符合下列要求：
1 应对井下主要作业环境瓦斯浓度变化情况进行实时监测、分析、预测和预警。
2 应根据瓦斯监测数据对瓦斯超限区域进行智能断电。
3 应根据瓦斯监测数据进行风量、风速的智能分析和计算，对瓦斯监控系统与矿井通风系统进行智能联动。

6.7.3 瓦斯抽采智能监测系统应具备瓦斯抽采作业钻孔数量、钻孔位置、钻孔角度、钻孔深度、终孔位置、钻杆钻进速度、孔内压裂、割缝、造穴等特殊工艺间距、时间、质量，孔内筛管长度、封孔长度、质量，抽采率等数据的智能感知、分析和验收功能。

6.7.4 煤与瓦斯突出监测系统应具备对煤岩声发射、微震、地应力、煤层瓦斯压力、瓦斯含量、瓦斯放散初速度、瓦斯涌出量、工作面煤壁温度、红外发射、电磁发射等进行实时监测，以及煤与瓦斯突出事件的防范和化解功能。

6.7.5 水害监测监控系统应符合下列要求：

1 应对井下主要含水层水文变化情况进行实时监测、分析、预测和预警。

2 应根据水文监测数据，对水害监测监控系统与排水系统进行智能联动。

3 应利用高精度瞬变电磁仪和高密度电法仪等设备，对各工作面周围的富水区和地质构造进行超前探测，生成成果剖面图，等值线图、等值面图的矢量数据。

4 应对各水源和涌水点的水质进行监测，并应分析其化学成分、物理属性和同位素等。

5 应对裂隙、毛细低速流体流动状态进行检测，并应对导水通道进行探测和空间定位。

6 应具备降雨量、观测孔、水实验、突水点、涌水量与排水量的实时监测和数据处理功能；监测数据和处理结果应以实时数据交换标准格式发送到矿山数据中心和远程预警服务中心。

6.7.6 火灾监测监控系统应符合下列要求：

1 应对井下采空区自然发火情况进行实时监测、分析和预警。

2 在电气设备、带式输送机等易发火区域应设置火灾变量监测及防灭火设施，对火灾参数进行智能监测、分析、预测和预警。

6.7.7 地压监测应包括矿井顶板、井筒、冲击地压及地表沉陷监测，并应符合下列要求：

1 顶板灾害监测监控系统应符合下列要求：

1）应安装顶板压力监测装置，实现矿山压力数据的实时监测和上传矿山压力数据。

2）应建立智能综采工作面、掘进工作面矿山压力大数据分析系统，对矿山压力进行预测、预警。

2 井筒安全监测系统应符合下列要求：

1）应对立井和斜井的井臂及围岩的应力、应变、温度、裂隙、渗流及其变化趋势进行实时监测。

2）应对立井和斜井的井臂及围岩发生的变形、突水、透水、冒顶等危险区域及其危险程度进行实时诊断和预报。

3）应实时进行远程监测。

3 冲击地压灾害监测监控系统应符合下列要求：

1）应具备冲击地压监测、预测预警系统，对冲击危险区域进行实时监测。

2）应具备冲击地压数据分析与评价功能，对冲击地压进行实时监测、智能分析和预测预警。

4 地表沉陷监测系统应符合下列要求：

1）应通过布置测线、测点和利用北斗/GPS、RTK、三维激光扫描等设备，自动采集或人工采集各测点的下沉、移动、倾斜、曲率、变形、地表和建筑裂隙等数据。

2）应对地表沉陷进行预测，生成和地面数字模型相吻合的三维地表沉陷模型。

6.7.8 粉尘灾害安全监测监控系统应符合下列要求：

1 采矿工作面、掘进工作面、矿仓卸料口等处应装设粉尘浓度自动监测装置，对粉尘浓度进行实时监测、数据分析、超限报警，并自动调节通风系统。

2 粉尘浓度应不高于 0.5mg/m³；粉尘易超限区域应装设智能喷雾装置，对粉尘监测系统与降尘装置进行智能联动和远程集中控制。

条文说明

粉尘浓度指标是根据《金属非金属矿山安全规程》（GB 16423—2020）的相关规定编写。

6.7.9 尾矿库监测系统应符合下列要求：

1 应对非煤矿山尾矿库的库区降雨量、库水位、坝体位移、干滩长度、浸润线等参数进行实时监测。

2 监测数据应通过通信接口实时上传，形成尾矿库监测数据库。

6.7.10 人员定位安全监测监控系统应符合下列要求：

1 应对所处环境参数进行实时采集，并应显示本地和远程环境参数。

2 视频监控应实时采集、上传和调看远程视频。

3 应具备精准的定位功能，在危险状态下应实时获取逃生信息，并应具有应对各种灾害逃生的装备。

6.7.11 井下设备安全监测监控系统应符合下列要求：

1 应具备设备在线点检及其运行情况实时监测功能。

2 应具备设备故障数据库，对损耗性部件进行更换提示，对设备各部分的健康状态进行实时评估。

条文说明

规定井下设备安全监测监控系统应具备设备故障数据库，对损耗性部件进行更换提示，对设备各部分的健康状态进行实时评估；其目的是为设备故障原因判断提供辅助决策。

6.7.12 视频监控系统应符合下列要求：

1 视频监控系统应向园区管理和决策人员实时展示煤矿各项业务的关键指标，对园区进行统一管控。

2 对 AI 智能分析、智能边缘子平台、物联网子平台、地理信息系统子平台、位置服务子平台、数据集成子平台、业务子平台和数据服务等子系统，应实现数据接入、数据分析存储、业务逻辑服务和开发服务。

3 应建设智能园区云平台，提供高可靠的云服务，部署数字平台和应用系统。

4 应建立智能园区专用网络、通信网络和边缘节点、智能园区办公网、视频网、运营商通信网络、Wi-Fi6 等 ICT 基础设施。

5 应根据园区应用实际，部署边缘节点的物联网关、边缘视频管理和智能分析。

6.7.13 安全监测监控管理软件应符合本规程第 5.7.8 条的规定。

7 综合性系统建设

7.1 生产经营管理和决策系统

7.1.1 矿山综合性系统建设应包括生产经营管理系统和决策支持系统。

条文说明

    矿山综合性系统建设包括生产经营管理系统和决策支持系统，旨在实现生产计划与调度管理、生产技术及机电设备管理、经营分析与智能决策等功能。

7.1.2 生产经营管理系统应包括生产管理系统和经营管理系统，并应符合下列要求：
  1　生产管理系统应符合下列要求：
  1）应根据企业 ERP 数据实现生产计划的日常排产和调度管理。
  2）应实现规程措施编制、技术资料存档、专业图纸设计、采掘生产衔接、生产指标统计及查询的无纸化运行。
  3）应对机电设备运行状态进行远程在线监测、诊断、运维管理、配件库存智能识别。
  2　经营管理系统应符合下列要求：
  1）在办公自动化管理系统和企业 ERP 系统之间应实现数据交互。
  2）企业 ERP 系统应包含财务管理、成本管理、合同管理、运销管理、物资供应管理、仓储管理等子系统，各系统数据应具备规范化数据接口。

  7.1.3 决策支持系统应符合以下要求：
  1　应对生产系统和管理系统进行数据融合、分析和建模。
  2　应建立动态排产模型，实现 ERP 数据、生产管理数据、排产方案、运输物流的一体化管理和统一调度。
  3　应建立设备运维管理模型，分析生产环节设备健康状况、负荷率、故障率、能源消耗指标等的变化情况，对设备检修和能耗变化进行有效管控。
  4　应实时查询生产运营数据，并应通过对生产数据的智能分析，全面掌握当前企业的运营状况。
  5　应通过设定关键指标阈值快速察觉企业运作中的不足，对阶段性生产过程的状态、成本、效益和年度整体生产情况进行智能分析和决策。

7.2 综合管控系统

7.2.1 矿山建设应结合开采方式建立符合实际的综合管控平台。

7.2.2 露天矿山综合管控平台应符合下列要求：

1 对露天矿采剥、运输、供电等环节，应进行全周期、全过程数据实时采集、分类存储和管控。

2 应具备生产设备定位功能和生产视频监控功能。

3 应支持大屏幕显示和移动端等多种形式的展现。

4 对采场、排土场地形应采用三维扫描技术进行实时测量。

5 应支持 TCP/IP、HTTP、DDS、RS232/RS485 等多种协议和接口的通信接口标准，自主适配工控设备系统、语音设备系统和视频设备系统等，对数据进行多方采集、多向提供和分类存储等。

6 应具备专业数据采集软件、数据库软件、操作系统软件、虚拟化软件、网络管理软件、防病毒软件、虚拟化技术应用平台、云计算决策支持承载平台、人员位置精准定位系统等。

7.2.3 地下矿山综合管控平台应符合下列要求：

1 对采矿、掘进、机电、运输、通风等主要生产环节，井下环境安全、人员位置等安全生产实时信息应进行综合集成、联动控制与可视化展现。

2 对生产执行、经营管理、分析决策等矿井信息化系统应进行综合集成与可视化展示。

3 应根据业务需求自动构建分析预测模型，进行模型库管理。

4 应根据监测与分析计算结果，进行预警预报、指挥调度与协同控制。

5 应具备元数据管理功能，宜提供统一的数据接口、统一的编码体系、统一数据库的技术架构。

6 协议接口和软件配备应符合本规程第 7.2.2 条第 5 款、第 6 款的规定。

7.3 虚拟仿真和模拟控制系统

7.3.1 矿山建设宜建立符合下列要求的虚拟仿真系统：

1 宜利用高性能计算、AR/VR（增强现实/虚拟现实）、区块链、人工智能、GIS（地理信息系统）、通信、传感、控制与定位等技术，对矿山生产场景、关键设备运行状况、生产工序进行虚拟化仿真。

2 虚拟仿真系统宜与物理系统进行数据实时交互，打造数据孪生体系。

3 宜实时展示矿山生产状态、设备运行工况、人员及移动设备位置，预测矿山生产指标、分析生产瓶颈环节，优化生产工艺流程及设备匹配关系，对生产进行辅助决策与动态优化。

4 宜通过合理规划疏散路线和所需救援设施，确定事故场景最优救援仿真方案。

7.3.2 矿山建设宜建立符合下列技术要求的数字模拟控制系统：

1 矿山采、掘、机、运、通等宜全方位一键式启动。

2 宜根据矿山作业设备的运行环境、特点、规律、原理、姿态等控制约束条件，对矿山作业设备运行过程和协同作业进行三维可视化展现和模拟演练。

3 宜通过可视化监控平台，对"人机界面-通信系统-数据交换-现场监测（监视）-通信系统-可视展现-人机界面"进行闭环控制。

附录 A 开采回采率及资源回收率指标取值

A.0.1 煤矿开采回采率和资源回收率应符合表 A.0.1 的规定。

表 A.0.1 煤矿开采回采率和资源回收率

开采方式	煤层厚度（m）	煤层种类	回采率/资源回收率（%）
井工开采	>3.5	厚煤层	≥75
	1.3～3.5	中厚煤层	≥80
	<1.3	薄煤层	≥85
露天开采	>10	厚煤层	≥95
	3.5～10	中厚煤层	≥90
	<3.5	薄煤层	≥85

条文说明

煤层厚度、煤层种类、回采率、资源回收率均引自国土资源部《煤炭资源合理开发利用"三率"指标要求（试行)》。

A.0.2 铁矿开采回采率应符合表 A.0.2 的规定。

表 A.0.2 铁矿开采回采率

开采方式	围岩稳定性	矿体倾斜度	回采率（%）
地下开采	稳固	缓倾斜与急倾斜矿体	83
		倾斜矿体	81
	不稳固	缓倾斜与急倾斜矿体	79
		倾斜矿体	78
	极不稳固	缓倾斜与急倾斜矿体	77
		倾斜矿体	75
露天开采	生产规模（矿石万 t/年）	大型矿山（≥200）	≥95
		中型（60～200）、小型（<60）	≥90

条文说明

围岩稳定性、矿体倾斜度、回采率均引自国土资源部《铁矿资源合理开发利用"三率"最低指标要求（试行）》；露天矿生产规模引自国土资源部《关于调整部分矿种矿山生产建设规模标准的通知》（国土资发〔2004〕208号）。

A.0.3 铜矿开采回采率应符合表 A.0.3 的规定。

表 A.0.3　铜矿开采回采率

开采方式	矿体厚度（m）	铜当量品位（%）	回采率（%）
地下开采	≤5	≥1.2	88
		0.60～1.2	80
		≤0.60	75
	5～15	≥1.2	92
		0.60～1.2	83
		≤0.60	80
	≥15	≥1.2	92
		0.60～1.2	85
		≤0.60	85
露天开采	生产规模（矿石万t/年）	大型矿山（≥100）	≥95
		中型（30～100）、小型（<30）	≥92

条文说明

矿体厚度、铜当量品位、回采率均引自国土资源部《铜矿资源合理开发利用"三率"最低指标要求（试行）》；露天矿生产规模引自国土资源部《关于调整部分矿种矿山生产建设规模标准的通知》（国土资发〔2004〕208号）。

A.0.4 金矿开采回采率应符合表 A.0.4 的规定。

表 A.0.4　金矿开采回采率

开采方式	围岩稳定性	矿体倾斜度	矿体厚度	回采率（%）
地下开采	稳固	缓倾斜与急倾斜矿体	薄矿体	92
			中厚矿体	90
			厚矿体	87
		倾斜矿体	薄矿体	90
			中厚矿体	87
			厚矿体	85

表 A.0.4（续）

开采方式	围岩稳定性	矿体倾斜度	矿体厚度	回采率（%）
地下开采	不稳固	缓倾斜与急倾斜矿体	薄矿体	87
			中厚矿体	85
			厚矿体	82
		倾斜矿体	薄矿体	85
			中厚矿体	82
			厚矿体	80
	极不稳固	缓倾斜与急倾斜矿体	薄矿体	82
			中厚矿体	80
			厚矿体	77
		倾斜矿体	薄矿体	80
			中厚矿体	77
			厚矿体	75
露天开采	矿石贫化率≤10%			≥90

条文说明

围岩稳定性、矿体倾斜度、矿体厚度、矿石贫化率、回采率均引自国土资源部《金矿资源合理开发利用"三率"最低指标要求（试行)》。

A.0.5 镍钴矿开采回采率应符合表 A.0.5 的规定。

表 A.0.5 镍钴矿开采回采率

开采方式	矿体厚度（m）	矿石品位		回采率（%）
		原生矿石（%）	其他矿石（%）	
地下开采	≤5	≤0.5	≤1.2	≥75
	>5	≤0.5	≤1.2	≥80
	≤5	0.5~8.0	1.2~2.0	≥85
	>5	0.5~8.0	1.2~2.0	≥88
	≤5	≥0.8	≥2.0	≥88
	>5	≥0.8	≥2.0	≥92
露天开采	矿山生产状态	生产矿山		≥88
		新建矿山		≥92

条文说明

矿体厚度、矿石品位、矿山生产状态、回采率均引自国土资源部《镍、锡、锑、石膏和滑石等矿产资源合理开发利用"三率"最低指标要求（试行)》。

附录 B 选矿回收率指标取值

B.0.1 铁矿选矿回收率应符合表 B.0.1 的规定。

表 B.0.1 铁矿选矿回收率

铁矿类型	磨矿细度	选矿回收率（%）		备注
磁铁矿	中细粒以上	95		指磁性铁回收率
	细粒、微细粒	90		
赤铁矿（含镜铁矿）	中细粒以上	75		—
	细粒、微细粒	70		
磁赤混合矿	中细粒以上	78		指磁铁矿与赤铁矿共生的混合矿
	细粒、微细粒	72		
褐铁矿	中细粒以上	55	80	—
	细粒、微细粒	50		
菱铁矿	中细粒以上	80		焙烧工艺
	细粒、微细粒	70		

注：1. 磁铁矿特指磁性铁占有率大于 85% 的铁矿。磁性铁占有率（ω）＝入选原矿中磁性铁（mFe）含量（%）/入选原矿中全铁（TFe）含量（%）×100%。

2. 中细粒级：磨矿细度为 0.074mm 的颗粒占 90% 以上；细粒级：磨矿细度为 0.044mm 的颗粒占 90% 以上；微细粒级：磨矿细度为 0.037mm 的颗粒占 90% 以上。

3. 除磁铁矿的选矿回收率特指磁性铁回收率外，其余铁矿种类的选矿回收率均指全铁回收率。

4. 褐铁矿选矿回收率 80% 是指焙烧工艺条件下的指标要求。

条文说明

铁矿类型、磨矿细度、选矿回收率指标值均引自自然资源部（原国土资源部）《铁矿资源合理开发利用"三率"最低指标要求（试行)》。

B.0.2 铜矿选矿回收率应符合表 B.0.2 的规定。

条文说明

矿石类型、结构构造类型、铜品位、选矿回收率指标值均引自自然资源部（原国土资源部）《铜矿资源合理开发利用"三率"最低指标要求（试行)》。

表 B.0.2 铜矿选矿回收率

矿石类型	结构构造类型	选矿回收率（%）											
		硫化矿铜品位≥1% 混合矿铜品位≥1.5% 氧化矿铜品位≥3%			0.6%≤硫化矿铜品位<1.0% 1.0%≤混合矿铜品位<1.5% 1.5%≤氧化矿铜品位<3.0%			0.4%≤硫化矿铜品位<0.6% 0.6%≤混合矿铜品位<1.0% 1.0%≤氧化矿铜品位<1.5%			硫化矿铜品位<0.4% 混合矿铜品位<0.6% 氧化矿铜品位<1%		
		粗中粒	细粒	微细粒	粗中粒	细粒	微细粒	粗中粒	细粒	微细粒	粗中粒	细粒	微细粒
硫化矿	块状、粒状结构	90.0	87.5	86.0	88.5	86.0	84.0	86.5	84.0	82.0	83.0	80.5	79.0
	条带状构造	89.5	86.5	85.0	87.5	85.0	83.0	86.0	83.0	81.5	82.0	80.0	78.0
	似层状、网脉状构造	87.5	85.0	83.0	86.0	83.0	81.5	84.0	81.5	80.0	80.5	78.0	76.5
	浸染状、交代结构	86.5	84.0	82.0	85.0	82.5	80.5	83.0	80.5	79.0	79.5	77.5	76.0
混合矿	块状、粒状结构	87.0	84.5	83.0	85.5	83.0	81.0	83.5	81.0	79.5	80.0	77.5	76.0
	条带状构造	86.0	83.5	82.0	84.5	82.0	80.0	83.0	80.0	78.5	79.0	77.0	75.5
	似层状、网脉状构造	84.5	82.0	80.0	83.0	80.0	78.5	81.0	78.5	77.0	77.5	75.5	74.0
	浸染状、交代结构	83.5	81.0	80.0	82.0	79.5	77.9	80.0	77.9	76.0	77.0	74.5	73.0
氧化矿	块状、粒状结构	78.5	76.0	74.5	77.0	74.5	73.0	75.0	73.0	71.5	72.0	70.0	68.5
	条带状构造	77.5	75.0	74.0	76.0	74.0	72.0	74.0	72.0	71.0	71.5	69.0	68.0
	似层状、网脉状构造	76.0	74.0	72.0	74.5	72.0	71.0	73.0	70.8	69.5	70.0	68.0	66.5
	浸染状、交代结构	75.0	73.0	71.5	74.0	71.5	70.0	72.0	70.0	68.5	69.0	67.0	66.0

B.0.3 金矿选（冶）矿回收率应符合表 B.0.3 的规定。

表 B.0.3 金矿选（冶）矿回收率

矿石类型		选（冶）矿回收率（%）	生产工艺
易处理矿石		85（80）	—
			—
难处理矿石	易选难冶矿石	85（75）	—
	难选难冶矿石	（70）	—
低品位矿石		（60）	常规氰化工艺
		（50）	堆浸

注：1. 易处理矿石，指采用常规氰化工艺即可获得较好金回收率的矿石。
　　2. 难处理矿石，指需采用焙烧、细菌氧化、热压氧化等预处理工艺才能获得较好金回收率的矿石。
　　3. 低品位矿石，指低于矿山现行工业指标而圈定的矿化体。
　　4. 按照生产金精矿或合质金产品的不同，回收率可分别称为选矿回收率或选冶回收率，括号外数据为选矿回收率，括号内数据为选冶回收率。

条文说明

　　矿石类型、选（冶）回收率、生产工艺等均引自自然资源部（原国土资源部）《金矿资源合理开发利用"三率"最低指标要求（试行)》。

B.0.4 镍钴矿选矿回收率应符合表 B.0.4 的规定。

表 B.0.4　镍钴矿选矿回收率

矿石品位（%）	选矿回收率（%）	
	中等可选矿石	复杂难选矿石
≤0.7	68	55
0.7~1.0	73	62
≥1.0	82	72

　　注：复杂难选矿石，指矿石赋存状态微细（小于10um）呈浸染状嵌布，或者共伴生组分多，或者泥化严重或者氧化率大于30%，或者以上条件兼而有之的矿石。

条文说明

　　矿石品位、矿石类型、选矿回收率指标取值均引自自然资源部（原国土资源部）《镍、锡、锑、石膏和滑石等矿产资源合理开发利用"三率"最低指标要求（试行)》。

附录 C　资源综合利用率指标取值

C.0.1 煤矿资源综合利用率应符合表 C.0.1 的规定。

表 C.0.1　煤矿资源综合利用率

资源类型	级别/地区类别	综合利用率（%）
煤层气	一级	≥80
	二级	≥60
	三级	≥40

注：一级、二级、三级分别代表煤层气中的甲烷含量。其中：一级煤层气，甲烷含量不低于90%；二级煤层气，甲烷含量高于50%（含）且低于90%；三级煤层气，甲烷含量高于30%（含）且低于50%。

条文说明

煤层气利用率指标引自《煤层气（煤矿瓦斯）利用导则》（GB/T 28754—2012）。

C.0.2 铜矿矿产资源综合利用率应符合表 C.0.2 的规定。

表 C.0.2　铜矿矿产资源综合利用率

铁回收状态	综合利用率（%）								
	露天开采或铜含量≥1.2%地下开采			0.60%＜铜含量＜1.2%地下开采			铜含量≤0.60%地下开采		
	矿石含硫品位（%）			矿石含硫品位（%）			矿石含硫品位（%）		
	＞10.00	2.00~10.00	≤2.00	＞10.00	2.00~10.00	≤2.00	＞10.00	2.00~10.00	≤2.00
无铁/不回收铁	65.0	55.0	50.0	55.0	50.0	45.0	50.0	45.0	40.0
易选铁	55.0	50.0	45.0	45.0	42.0	40.0	40.0	37.0	35.0
中等可选	47.0	43.0	40.0	40.0	38.0	36.0	37.0	35.0	32.0
难选铁	40.0	37.0	35.0	36.0	34.0	32.0	35.0	32.0	30.0

条文说明

铁回收状态、铜品位、矿石含硫品位、综合利用率指标要求均引自自然资源部（原国土资源部）《铜矿资源合理开发利用"三率"最低指标要求（试行）》。

本规程用词说明

1 为便于在执行本规程条文时区别对待，对要求严格程度不同的用词说明如下：

1）表示很严格，非这样做不可的：

正面词采用"必须"，反面词采用"严禁"。

2）表示严格，在正常情况下均应这样做的：

正面词采用"应"，反面词采用"不应"或"不得"。

3）表示允许稍有选择，在条件许可时首先应这样做的：

正面词采用"宜"，反面词采用"不宜"。

4）表示有选择，在一定条件下可以这样做的用词，采用"可"。

2 本规程中指明应按照其他有关标准执行的写法为"应符合……的规定"或"应按……执行"。

引用的标准规范名录

1 《数据中心设计规范》（GB 50174）

2 《工业企业总平面设计规范》（GB 50187）

3 《煤炭工业露天矿设计规范》（GB 50197）

4 《带式输送机工程技术标准》（GB 50431）

5 《煤炭工业露天矿疏干排水设计规范》（GB 51173）

6 《煤炭工业露天矿矿山运输工程设计标准》（GB 51282）

7 《煤炭工业露天矿土地复垦工程设计标准》（GB 51287）

8 《金属矿山土地复垦工程设计标准》（GB 51411）

9 《工作场所空气中粉尘测定　第 1 部分：总粉尘浓度》（GBZ/T 192.1）

10 《工作场所空气中粉尘测定　第 2 部分：呼吸性粉尘浓度》（GBZ/T 192.2）

11 《爆破安全规程》（GB 6722）

12 《工业企业厂界环境噪声排放标准》（GB 12348）

13 《标牌》（GB/T 13306）

14 《矿山安全标志》（GB 14161）

15 《继电保护和安全自动装置技术规程》（GB/T 14285）

16 《带式输送机安全规范》（GB 14784）

17 《工业企业能源管理导则》（GB/T 15587）

18 《金属非金属矿山安全规程》（GB 16423）

19 《煤炭工业污染物排放标准》（GB 20406）

20 《能源管理体系要求》（GB/T 23331）

21 《网络安全等级保护安全设计技术要求》（GB/T 25070）

22 《铜、镍、钴工业污染物排放标准》（GB 25467）

23 《铁矿采选工业污染物排放标准》（GB 28661）

24 《煤层气（煤矿瓦斯）利用导则》（GB/T 28754）

25 《煤矿主要工序能耗等级和限值　第 1 部分：主要通风系统》（GB/T 29723.1）

26 《煤矿主要工序能耗等级和限值　第 2 部分：主排水系统》（GB/T 29723.2）

27 《煤矿主要工序能耗等级和限值　第 3 部分：空气压缩系统》（GB/T 29723.3）

28 《煤矿主要工序能耗等级和限值　第 4 部分：主提升带式输送机》（GB/T 29723.4）

29 《煤矿主要工序能耗等级和限值　第 5 部分：主提升系统》（GB/T 29723.5）

30　《铁矿露天开采单位产品能源消耗限额》（GB 31335）

31　《铁矿地下开采单位产品能源消耗限额》（GB 31336）

32　《智能矿山信息系统通用技术规范》（GB/T 34679）

33　《信息安全技术　工业控制系统安全管理基本要求》（GB/T 36323）

34　《露天煤矿边坡变形监测技术规范》（GB/T 37697）

35　《煤矿绿色矿山建设评价标准》（GB/T 37767）

36　《露天矿用无轨运矿车　安全要求》（GB/T 37923）

37　《信息安全技术　大数据安全管理指南》（GB/T 37973）

38　《金属非金属露天矿山高陡边坡安全监测技术规范》（KA/T 2063）

39　《矿山地质环境保护与恢复治理方案编制规范》（DZ/T 0223）

40　《黄金行业绿色矿山建设规范》（DZ/T 0314—2018）

41　《煤炭行业绿色矿山建设规范》（DZ/T 0315—2018）

42　《有色金属行业绿色矿山建设规范》（DZ/T 0320—2018）

43　《清洁生产标准　煤炭采选业》（HJ 446）

44　《采煤沉陷区治理技术规范》（NB/T 10533）

45　《土地复垦质量控制标准》（TD/T 1036）

46　《煤矿智能化建设指南》（2021 年版）

47　《有色金属行业智能矿山建设指南》（2021 年版）

48　《煤矿安全规程》

49　《土地复垦条例》

涉及专利和专有技术名录

1　国家专利

[1] 中铁十九局集团矿业投资有限公司．一种露天采矿用无人驾驶设备的身份识别装置：中国，202120786526.2［P］.2021-11-30.

[2] 中铁十九局集团矿业投资有限公司．一种露天采矿用无人驾驶设备的减震装置：中国，202120862556.7［P］.2021-12-3.

[3] 中铁十九局集团矿业投资有限公司．一种基于北斗卫星定位的矿山开采地表移动变形监测装置：中国，202121736977.1［P］.2021-12-14.

[4] 中铁十九局集团矿业投资有限公司．一种巷道开挖过程中围岩压力探测预警系统：中国，202122228590.1［P］.2022-3-8.

[5] 中铁十九局集团矿业投资有限公司．一种用于矿山井下检测识别定位系统：中国，202122114832.4［P］.2022-3-8.

[6] 中铁十九局集团矿业投资有限公司．一种基于北斗卫星的矿山开采用矿区安全监控装置：中国，202121736960.6［P］.2022-4-28.

[7] 中铁十九局集团矿业投资有限公司．一种可智能采样的边坡稳定性检测设备：中国，202221258489.9［P］.2022-10-21.

[8] 中铁十九局集团矿业投资有限公司．一种基于北斗卫星采空区井下安全监控装置及监控方法：中国，202110143546.2［P］.2022-6-17.

[9] 中铁十九局集团矿业投资有限公司．一种运矿车防疲劳驾驶提醒装置：中国，202220856912.9［P］.2022-7-19.

[10] 中铁十九局集团矿业投资有限公司．可远程操控的挖掘机：中国，202220818420.0［P］.2022-7-29.

[11] 中铁十九局集团矿业投资有限公司．一种矿用无人运输车控制方法、装置、介质和电子设备：中国，202111653745.4［P］.2023-2-10.

[12] 中铁十九局集团矿业投资有限公司．一种自动避障的智能无人驾驶车：中国，202210468179.8［P］.2023-7-14.

本文件的发布机构提请注意，声明符合本文件时，可能涉及相关专利的使用。

本文件的发布机构对于该专利的真实性、有效性和范围无任何立场。

该专利持有人已向本文件的发布机构保证，他愿意同任何申请人在合理且无歧视的条款和条件下，就专利授权许可进行谈判。该专利持有人的声明已在本文件的发布机构备案。相关信息可通过以下联系方式获得：

专利持有人姓名：中铁十九局集团矿业投资有限公司

地址：北京市丰台区风荷曲苑 2 号楼

请注意除上述专利外本文件的某些内容仍可能涉及专利。本文件的发布机构不承担识别这些专利的责任。

2　工法

［1］中铁十九局集团矿业投资有限公司．SJGF222—2019 露天矿区无人机立体视觉测量施工工法［Z］．辽宁省：辽宁省省住房和城乡建设厅，2020.

［2］中铁十九局集团矿业投资有限公司．SJGF221—2019 边坡稳定性监控施工工法［Z］．辽宁省：辽宁省省住房和城乡建设厅，2020.

［3］中铁十九局集团矿业投资有限公司．TJYXGF-18·19—096 露天矿复杂采空区顶板崩落爆破精准评价施工工法［Z］．中国铁建股份有限公司，2020.